同济博士论丛
TONGJI Dissertation Series

总主编 伍 江　副总主编 雷星晖

武 超　李宏强　著

金属螺旋线特异材料
电磁输运行为研究

Study on Electromagnetic Transport Behavior
of Metallic Helix Metamaterials

同济大学出版社
TONGJI UNIVERSITY PRESS

内 容 提 要

本书首次提出并发展了金属螺旋阵列多重散射理论,发现了沿轴向左旋、右旋和纵电磁模式、极化禁带等奇异电磁特性并给出了物理解释。第1章引言;第2章系统阐述了金属螺旋线阵列的多重散射理论;第3章通过实验、能带分析和 FDTD 数值模拟相结合的方法进行了验证;第4章对光锥下方(+1,S)阶模式导致的负折射现象进行了研究;第5章重点研究了金属螺旋线阵列系统沿横向平面的电磁输运特性;第6章对本研究的工作进行了总结,对于手征特异材料的未来可能发展方向等进行了展望。

本书可供相关领域的科研人员、教师、研究生及高年级本科生参考。

图书在版编目(CIP)数据

金属螺旋线特异材料电磁输运行为研究 / 武超,李宏强著. —上海:同济大学出版社,2017.8
(同济博士论丛 / 伍江总主编)
ISBN 978 - 7 - 5608 - 7031 - 1

Ⅰ. ①金… Ⅱ. ①武… ②李… Ⅲ. ①磁性材料—研究 Ⅳ. ①TM271

中国版本图书馆 CIP 数据核字(2017)第 093378 号

金属螺旋线特异材料电磁输运行为研究

武 超 李宏强 著

出 品 人 华春荣 责任编辑 张智中 胡晗欣
责任校对 徐春莲 封面设计 陈益平

出版发行 同济大学出版社 www.tongjipress.com.cn
(地址:上海市四平路 1239 号 邮编:200092 电话:021 - 65985622)
经 销 全国各地新华书店
排版制作 南京展望文化发展有限公司
印 刷 浙江广育爱多印务有限公司
开 本 787 mm×1092 mm 1/16
印 张 8.75
字 数 175 000
版 次 2017 年 8 月第 1 版 2017 年 8 月第 1 次印刷
书 号 ISBN 978 - 7 - 5608 - 7031 - 1

定 价 45.00 元

"同济博士论丛"编写领导小组

"同济博士论丛"编辑委员会

袁万城　莫天伟　夏四清　顾　明　顾祥林　钱梦騄

徐　政　徐　鉴　徐立鸿　徐亚伟　凌建明　高乃云

郭忠印　唐子来　阎耀保　黄一如　黄宏伟　黄茂松

戚正武　彭正龙　葛耀君　董德存　蒋昌俊　韩传峰

童小华　曾国苏　楼梦麟　路秉杰　蔡永洁　蔡克峰

薛　雷　霍佳震

秘书组成员：谢永生　赵泽毓　熊磊丽　胡晗欣　卢元姗　蒋卓文

总　序

在同济大学 110 周年华诞之际,喜闻"同济博士论丛"将正式出版发行,倍感欣慰。记得在 100 周年校庆时,我曾以《百年同济,大学对社会的承诺》为题作了演讲,如今看到付梓的"同济博士论丛",我想这就是大学对社会承诺的一种体现。这 110 部学术著作不仅包含了同济大学近 10 年 100 多位优秀博士研究生的学术科研成果,也展现了同济大学围绕国家战略开展学科建设、发展自我特色,向建设世界一流大学的目标迈出的坚实步伐。

坐落于东海之滨的同济大学,历经 110 年历史风云,承古续今、汇聚东西,秉持"与祖国同行、以科教济世"的理念,发扬自强不息、追求卓越的精神,在复兴中华的征程中同舟共济、砥砺前行,谱写了一幅幅辉煌壮美的篇章。创校至今,同济大学培养了数十万工作在祖国各条战线上的人才,包括人们常提到的贝时璋、李国豪、裘法祖、吴孟超等一批著名教授。正是这些专家学者培养了一代又一代的博士研究生,薪火相传,将同济大学的科学研究和学科建设一步步推向高峰。

大学有其社会责任,她的社会责任就是融入国家的创新体系之中,成为国家创新战略的实践者。党的十八大以来,以习近平同志为核心的党中央高度重视科技创新,对实施创新驱动发展战略作出一系列重大决策部署。党的十八届五中全会把创新发展作为五大发展理念之首,强调创新是引领发展的第一动力,要求充分发挥科技创新在全面创新中的引领作用。要把创新驱动发展作为国家的优先战略,以科技创新为核心带动全面创新,以体制机制改革激发创新活力，以高效率的创新体系支撑高水平的创新型国家建设。作为人才培养和科技创新的重要平台，大学是国家创新体系的重要组成部分。同济大学理当围绕国家战略目标的实现，作出更大的贡献。

大学的根本任务是培养人才，同济大学走出了一条特色鲜明的道路。无论是本科教育、研究生教育，还是这些年摸索总结出的导师制、人才培养特区，"卓越人才培养"的做法取得了很好的成绩。聚焦创新驱动转型发展战略，同济大学推进科研管理体系改革和重大科研基地平台建设。以贯穿人才培养全过程的一流创新创业教育助力创新驱动发展战略，实现创新创业教育的全覆盖，培养具有一流创新力、组织力和行动力的卓越人才。"同济博士论丛"的出版不仅是对同济大学人才培养成果的集中展示，更将进一步推动同济大学围绕国家战略开展学科建设、发展自我特色、明确大学定位、培养创新人才。

面对新形势、新任务、新挑战，我们必须增强忧患意识，扎根中国大地，朝着建设世界一流大学的目标，深化改革，勠力前行！

万　钢

2017 年 5 月

论丛前言

　　承古续今，汇聚东西，百年同济秉持"与祖国同行、以科教济世"的理念，注重人才培养、科学研究、社会服务、文化传承创新和国际合作交流，自强不息，追求卓越。特别是近20年来，同济大学坚持把论文写在祖国的大地上，各学科都培养了一大批博士优秀人才，发表了数以千计的学术研究论文。这些论文不但反映了同济大学培养人才能力和学术研究的水平，而且也促进了学科的发展和国家的建设。多年来，我一直希望能有机会将我们同济大学的优秀博士论文集中整理，分类出版，让更多的读者获得分享。值此同济大学110周年校庆之际，在学校的支持下，"同济博士论丛"得以顺利出版。

　　"同济博士论丛"的出版组织工作启动于2016年9月，计划在同济大学110周年校庆之际出版110部同济大学的优秀博士论文。我们在数千篇博士论文中，聚焦于2005—2016年十多年间的优秀博士学位论文430余篇，经各院系征询，导师和博士积极响应并同意，遴选出近170篇，涵盖了同济的大部分学科：土木工程、城乡规划学（含建筑、风景园林）、海洋科学、交通运输工程、车辆工程、环境科学与工程、数学、材料工程、测绘科学与工程、机械工程、计算机科学与技术、医学、工程管理、哲学等。作为"同济博士论丛"出版工程的开端，在校庆之际首批集中出版110余部，其余也将陆续出版。

　　博士学位论文是反映博士研究生培养质量的重要方面。同济大学一直将立德树人作为根本任务，把培养高素质人才摆在首位，认真探索全面提高博士研究生质量的有效途径和机制。因此，"同济博士论丛"的出版集中展示同济大学博士研究生培养与科研成果,体现对同济大学学术文化的传承。

"同济博士论丛"作为重要的科研文献资源,系统、全面、具体地反映了同济大学各学科专业前沿领域的科研成果和发展状况。它的出版是扩大传播同济科研成果和学术影响力的重要途径。博士论文的研究对象中不少是"国家自然科学基金"等科研基金资助的项目,具有明确的创新性和学术性,具有极高的学术价值,对我国的经济、文化、社会发展具有一定的理论和实践指导意义。

"同济博士论丛"的出版,将会调动同济广大科研人员的积极性,促进多学科学术交流、加速人才的发掘和人才的成长,有助于提高同济在国内外的竞争力,为实现同济大学扎根中国大地,建设世界一流大学的目标愿景做好基础性工作。

虽然同济已经发展成为一所特色鲜明、具有国际影响力的综合性、研究型大学,但与世界一流大学之间仍然存在着一定差距。"同济博士论丛"所反映的学术水平需要不断提高,同时在很短的时间内编辑出版110余部著作,必然存在一些不足之处,恳请广大学者,特别是有关专家提出批评,为提高同济人才培养质量和同济的学科建设提供宝贵意见。

最后感谢研究生院、出版社以及各院系的协作与支持。希望"同济博士论丛"能持续出版,并借助新媒体以电子书、知识库等多种方式呈现,以期成为展现同济学术成果、服务社会的一个可持续的出版品牌。为继续扎根中国大地,培育卓越英才,建设世界一流大学服务。

伍 江

2017 年 5 月

前　言

　　特异材料是泛指一类由亚波长局域共振单元构建的人工材料,其电磁特性来自结构单元互耦而呈现出的整体效应。利用特异材料可以实现许多奇特的电磁现象,如负折射、完美透镜、电磁隐身,也可以通过结构单元的对称性破缺实现电磁手性、调控电磁波偏振模式。如果将谐振单元等同于"人造原子",特异材料就是由这类"人造原子"的组装出来的电磁波晶体。通过合适的电谐振和磁谐振单元设计来调节特异材料中的电磁响应以及电场和磁场之间的互耦是实现特异材料特定功能的关键。

　　自 2004 年 John Pendry 等人提出可以使用手征特异材料实现负折射以来,相关研究迅速成为研究热点,金属单元结构提供了诸多自由度来调控电磁互耦。金属螺旋线阵列是一类具有普遍意义的手征特异材料。立体螺旋结构是手征的代名词。螺旋线在沿轴向平移一段距离后,绕轴旋转一定的角度,就可以与原结构重合,这种独特的连续螺旋对称性将散射场轴向和辐角方向分量的相因子关联起来,为我们操纵电磁波提供了更多的可能性。本书首次提出并发展了金属螺旋阵列多重散射理论,发现了沿轴向左旋、右旋和纵电磁模式、极化禁带等奇异电磁特性并给出了物理解释。通过色散关系解析计算、FDTD 数值模拟和微波实验研究了沿金属螺旋阵列轴向和横向的电磁传输行为,实验表征了纵电磁模式、极化禁带内、外的非对称传输,并第一次使用金属螺旋线阵列构造了可以宽频段工作的波片;第一次在实验上直接观测了极化禁带下带边的负折射等异常散射行为。

本书第 2 章系统阐述了金属螺旋线阵列的多重散射理论。利用螺旋带行波管理论的螺旋对称空间谐波展开结合两维阵列多重散射方法成功获得系统的本征方程。针对金属螺旋线单元间倏逝波耦合特性,详细讨论了能带结构计算过程中如何快速、准确地进行虚宗量 Bessel 函数的 Lattice Sum 计算。发现该体系的轴向能带结构存在极化禁带、纵波模式、光锥上下方都存在负折射区域等奇特现象。

针对如第 2 章所述理论预期,书中第 3 章通过实验、能带分析和 FDTD 数值模拟相结合的方法进行了验证。实验测定的极化禁带和理论预期完全符合,轴向传输透过谱上的跳变频率和满足法布里-帕罗条件的(0)阶纵电磁模式波矢匹配,从而证实了纵电磁模式的存在;采用非整数倍螺距长的金属螺旋线阵列模型计算了轴向透射谱、分析了入射波和透射波偏振态的依赖关系,发现在极化禁带内存在显著的非对称传输效应,其正反方向透过率可以有 3 倍的差别,这和以前对于这类体系极化禁带的认知有显著差别。

本书第 4 章对光锥下方(+1,S)阶模式导致的负折射现象进行了研究。利用棱镜耦合的方法,使用介电常数为 8.9 的三氧化二铝陶瓷作为耦合介质。测量以 45°角斜入射波束通过样品后的平移量来反推波束在手征特异材料中的折射角。实验测量结果显示在 9.18~9.48 GHz 的频率内发生了负折射现象,折射角范围在 −17.44°~−50.11°,与等频面分析和 FDTD 数值模拟符合的很好。上述结果第一次实验证实 John

Pendry 关于手征材料中负折射的理论预期,和他的预测不同,负折射可以发生在极化禁带下方。

本书第 5 章重点研究了金属螺旋线阵列系统沿横向平面的电磁输运特性。理论计算表明两个低频支为彼此正交的椭圆偏振模式,这两支模式分别由阵列间的布拉格散射和单根金属螺旋线局域谐振两种不同物理机制所主导,因而可以通过调控与这两种物理机制相关的结构参数进行独立的调节。选取适当的参数可以在很宽的频段内保证两支正交椭圆偏振模式的轴比和两者的波矢之差基本保持恒定,因而金属螺旋线阵列可用来构造宽带工作的波片。上述理论预期得到了微波实验和数值仿真验证,研究结果表明,我们设计的金属螺旋线阵列波片样品可将线偏振电磁波完美转换为圆偏振电磁波。同时它还具有旋转线偏振电磁波偏振方向的功能,例如,7 周期样品在 $3.9 \sim 9.6\,\mathrm{GHz}$ 的频段可以将正入射线偏振波完美地转换为圆偏振电磁波,透射率大于 85%,在 $4.1 \sim 8.8\,\mathrm{GHz}$ 频段内,信噪比可以超过 $20\,\mathrm{dB}$。样品将 $\pm 45°$ 角的线偏振波完美的转换为与 y 轴成干 $45°$ 角的线偏振波的功能也通过实验得到证实。14 和 21 个周期厚度样品的透射率测量结果验证了转换偏振态功能与样品厚度之间的标度关系,证明了金属螺旋阵列的宽频波片功能。

第 6 章对本书的工作进行了总结,对于手征特异材料的未来可能发展方向等进行了展望。

目 录

第 1 章

绪　论

1.1　概　述

　　随着材料制备技术水平不断改进和提高,对天然材料的各种性质和功能的进一步发掘和利用的空间正在逐渐缩小,而对材料性能的要求却不断的提高,这就要求我们寻求一条新的解决途径(图1-1)。物理学的研究揭示了物质所呈现的物理特性大多与其结构特性和几何尺度有关[1],例如晶体。晶体是自然界中物质有序结构的一个典型例子,在原子、分子尺度上呈现短程或者长程有序,通过尺度上的有序调制使得晶体在电子结构乃至

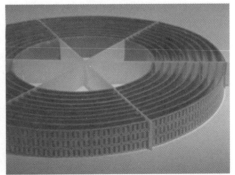

图 1-1　天然材料与特异材料

整体物性都具有无定形态所不具备的物理特性。基于这种认识,人们可以通过各种层次上的结构排列来调制与材料性能相关的各种物理量,从而获得我们所需要的物理特性。基于同样理念而设计的光子晶体[2,3]、左手材料[4,5]等人造功能材料已经为新材料的设计与制备指明了研究方向。

1.2　特异材料研究进展

Metamaterials 即特异介质或超材料,是本世纪物理学界提出的一个新名词。与光子晶体中通过 Bragg 散射对电磁波进行调制的机制不同,Metamaterials 中对电磁波的调制主要是基于其结构单元的局域谐振。结构单元的尺寸一般都远远小于工作波长,特异材料以类似等离子体的方式和电磁波相互作用,呈现出集体选择的电磁特性,可以用等效介电常数和等效磁导率来描述其对电磁波的响应。一般的意义上说,Metamaterials 是基于局域谐振的人工材料的通称,这类材料的提出和研制源自一类臆想中的虚拟材料——左手材料。

1968 年,苏联科学家 V. G. Veselago 理论预期了电磁波在介电常数和磁导率同为负值的假想媒质中的传播特性[5],并从 Maxwell 方程出发发现其中电磁波的相速度和群速度反向,电场强度 E,磁场强度 H 与波矢 K 符合左手规则,因而将其称为左手材料[4]。在左手材料中,电磁波是可以传播的,具体表现为后向波(Backward Wave),并且具有负折射、倏逝波放大、逆多普勒效应、逆切轮科夫辐射、亚波长衍射等奇特现象[4,6-8](图 1 - 2)。

但在自然界中并不存在介电常数和磁导率均为负值的天然材料,因而在左手材料概念提出后的二十多年中,左手材料的研究还是停留在理论上。

在 1996 年,J. B. Pendry 提出可以用金属线(Rods)阵列构造等效介

图 1-2 正常折射与负折射

电常数为负的材料[9,10]。1998 年，J. B. Pendry 又提出可以利用金属谐振环(SRR，Split Ring Resonator)来实现等效磁导率为负值的材料[11]，上述理论预期是在理想金属的假设下得到的。根据 J. B. Pendry 的理论模型，D. R. Smith 等人将特定取向的细金属线和裂口的金属谐振双环作为一个单元有序地排列在一起，制备出了第一个等效介电常数和磁导率同时为负值的人造"左手材料"[12](图 1-3)。2001 年，D. R. Smith 等人又通过实验验证了电磁波斜入射到左手材料和普通介质的界面上时，折射波与入射波的方向处于法线同侧，即左手材料的一个重要性质——负折射[13-15]，证明了左手材料的存在(图 1-4)。这一系列的工作引起了广泛的重视，此后有

图 1-3 结合金属线阵列和金属谐振环结构的第一块左手材料

很多相关的讨论和研究[13,16-20],并利用左手材料实现了平板聚焦、天线波束汇聚、完美透镜、超薄谐振腔、后向波天线等功能。

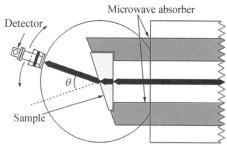

图 1-4　第一个负折射实验

2006 年,John Pendry 等人在理论上提出电磁"隐身衣"的设计[21,22],这是真正物理层面的隐身。电磁隐身的概念一经提出,就在学界引起了研究的热潮,2007 年,Schurig 等人用 Split Ring Resonator(SRR)结构构造的特异材料在微波波段实现了二维的电磁隐身衣[23]。2009 年香港科技大学的陈子亭教授小组更是提出了幻像光学[24,25]的概念,将"隐身衣"的研究工作推向另一个高潮(图 1-5)。

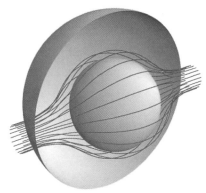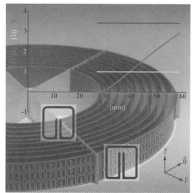

图 1-5　电磁隐身衣

1.3 手 征 介 质

人工构造电谐振和磁谐振单元是设计与制备 Metamaterials 的关键。通过设计将电谐振与磁谐振单元置于同一个结构中,并使特定的等效电磁参数出现在需要的频段内,如实现左手材料时就需要结构产生负等效磁导率和负介电常数频段相重合,这是一个不小的挑战。现已有一些很巧妙的结构设计来实现这一点,如对称环结构、Ω 结构、S 结构等[26,27]。那么有没有自然地将电磁谐振结合在一起的结构呢? 这就使人们想到天然电磁互耦的手征介质。

手征(Chirality)的概念来自结构的几何对称性,是指特定物体或结构通过平移、旋转等空间操作都无法与其镜像相重合的性质。自然界中的手征现象如图 1-6 所示。这一结构上的特性无论是微观还是宏观在自然界中都是广泛存在的,从有机分子、贝壳、涡旋、蔓藤到星云均是手征结构。电磁学领域中,手征是指存在同一方向上电场和磁场之间的耦合。手征介质的电磁学研究最早源于旋光性(Optical Activity)、圆双折射

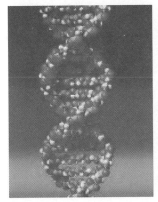

图 1-6 自然界中的手征现象

（Circular Birefringence）等现象的研究[28-31]。

从本构关系上来说，与普通介质在电场中产生电极化、在磁场中产生磁极化不同，手征介质在受到电场的作用时既发生极化又发生磁化，同样在受到磁场作用时既发生磁化又发生极化，即电场和磁场之间有交叉耦合。其本构关系（各向同性情况）为

$$D = \varepsilon E + \xi H$$
$$B = \zeta E + \mu H \tag{1-1}$$

其中 ε，μ 为介电常数和磁导率，ξ，ζ 为表征电磁互耦的参量，这四个电磁参数可以是标量或者张量，分别表述双各向同性或异性介质。手征特性来自结构镜像对称性破缺，最典型的手征模型是微螺旋模型（图1-7）。可以想见，时变电场和磁场都能在螺旋线中产生时变电流，在螺旋两端产生反向电荷，能同时产生极化和磁化，即存在同一方向上的电场和磁场之间的互耦。由于螺旋有左旋和右旋之分，其对左旋圆偏振和右旋圆偏振有不同的响应，是为电磁手征行为的标志性特征。基于对手征特性及其微观模型的理解和发展，有很多关于手征新奇特性的相关研究[32-37]，如电回旋手征的反向波和负折射效应、双轴各向异性的反向波和负折射，结构型手征磁光介质中负折射和超棱镜效应等。正如引言中所介绍的，设计制备 Metamaterials 要求构造适合的电谐振与磁谐振单元使得人们将目光转向

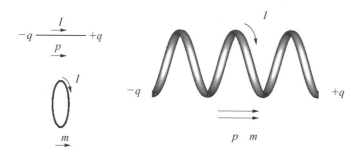

图1-7 手征介质的微螺旋模型

天然电磁互耦的手征上来,J. B. Pendry 在 2004 年提出在手征中引入电谐振[38]来构造可以实现负折射的左手材料。

由图 1-8(a)可见,在均匀的手征(双各向同性)中左旋圆极化和右旋圆极化模式不再简并,且其色散关系是空间对称破缺的,但其中群速度和相速度总是同向的。如图 1-8(b)所示,即使在均匀普通材料中引入一个电谐振,其介电常数与频率的关系为

$$\varepsilon = \varepsilon_0 \left(1 - \frac{\alpha^2}{\omega^2 - \omega_0^2} \right) \tag{1-2}$$

其中,左旋和右旋圆极化模式是简并的,模式的群速度和相速度也总是同向的。但如果将一个这样的电谐振引入手征中,如图 1-8(c)所示,某一极化模式的色散关系在一定区域中出现群速度和相速度反向的现象,即左手关系,进一步说可以实现负折射。

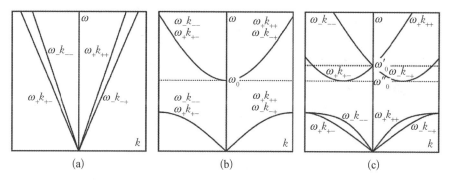

图 1-8 (a) 各向同性均匀手性材料的色散关系;(b) 引入电谐振的各向同性均匀色散关系;(c) 引入电谐振的手性材料色散关系

如图 1-9 所示,J. B. Pendry 同时给出了一种可以实现这一思路的手征结构,具体说就是将金属片缠绕成一个各层重叠的螺旋形状的圆柱形结构,也可以说是 J. B. Pendry 著名的 Swiss Roll 结构的螺旋版本。

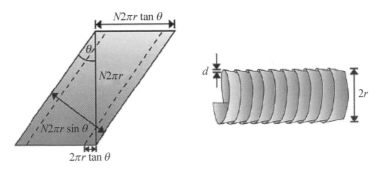

图 1-9　J. B. Pendry 提出的用于实现手征负折射的螺旋 Swiss Roll 结构

1.4　手征特异材料研究进展

自 J. B. Pendry 提出可在手征介质中实现负折射现象[38]之后,出现了大量使用手征介质或手征结构构造特异材料的研究工作[32-36,38-83]。对于手征特异材料的研究工作中有以下两个主题。

(1) 实现 J. B. Pendry 关于手征介质实现负折射的理论预期,进而实现负折射。有大量的文献从这个角度,对使用手征介质或具有手征特性的各类系统进行了系统的理论和实验的研究。至 2009 年有一批工作从实验上观测到了手征特异材料存在负的等效参数[66,68,74,76-78]。

(2) 构造具有偏振选择特性或操纵电磁波偏振的手征特异材料。

2005 年,J. C. W. Lee 与 C. T. Chan 研究了介质螺旋结构的光子晶体(图 1-10),指出其本征模式为左旋和右旋圆极化,并且存在单极化(与结构手征性相反)的禁带,该极化的第一支模式在第三布里渊区中的群速度与相速度反向,这是普通光子晶体结构所不具有的。

2009 年,德国卡尔斯鲁厄理工学院的 Martin Wegener 教授小组在太赫兹波段通过激光直写的方法加工了金属螺旋线阵列[67,79],他们发现存在一个仅允许与结构手征特性相反的圆偏振电磁波通过的极化禁带(图

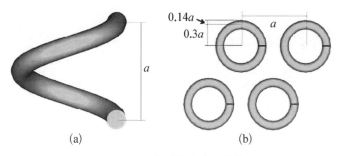

图 1‐10　介质螺旋光子晶体

1‐11)。在其发表的论文中,将螺旋线阵列视为 1887 年 Heinrich Hertz 提出的线偏振极化器的圆偏振对应,并指出由于传统的偏振转换器件波片对于频率有明显的依赖关系,因而螺旋线阵列作为宽带圆偏振极化器具有很重要的意义。

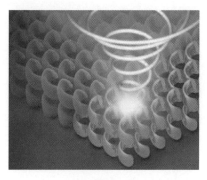

图 1‐11　金属螺旋线阵列构造的宽频段极化器

此外,在手征特异材料中还发现了基于手征结构对电磁波偏振的区别响应带来的非对称传输效应等奇特性质[51,80]。

1.5　本书的主要工作

本书主要对金属螺旋线阵列的电磁散射和手征行为进行了理论和实验研究。针对金属螺旋线阵列的几何结构,通过结合行波管理论中的螺旋带解析模型和二维系统的多重散射法,发展了一套针对具有螺旋对称性结构阵列的能带理论计算方法。并根据这一理论,给出了金属螺旋线阵列色散关系,发现了电磁纵模、宽极化禁带、布里渊区边界上的不动点等诸多奇特属性,从"第一性"的高度上给出了物理解释,并且对其中的手征负折射、双折射、宽带波片效应、复式格子极化禁带中极化模式的调控和转换效应等超常电磁波输运行为进行了预测分析和实验表征。

本书第 2 章着重介绍了我们发展的金属螺旋线阵列能带计算方法,对采用的螺旋带模型和多重散射法进行了简要的介绍,并对系统能带结构计算的精度和其中关键的 Lattice Sum 求和问题进行了一些讨论。在能带理论给出的金属螺旋线阵列的能带结构和本征模式分析的基础上,对系统轴向存在的圆偏振和纵电磁波模式、极化禁带产生的原因和其中电磁波输运特性、极化禁带两侧都存在的负折射的模式等性质进行了理论分析,并辅以 FDTD 的模拟结果加以验证。

本书第 3 章阐述了沿金属螺旋线阵列轴向电磁波透射的研究结果。实验证实,极化禁带内轴向透射的性质与入射电磁的偏振态存在联系。通过数值计算对沿轴向非整数周期长度的螺旋线阵列非对称传输特性也做了分析。轴向存在的纵电磁波模式也通过透射谱的测量得到了间接观察,证实了纵电磁波模式在有限厚度的阵列中形成驻波导致了极化禁带下方轴向透过谱上跳变点的出现。实验结果与能带理论分析和针对实际结构的数值仿真结果符合得很好。

本书第 4 章重点讨论了极化禁带下方的负折射等现象。实验结果有力支持了我们的理论预期,与数值仿真的结果也符合完好。

本书第 5 章主要讨论了金属螺旋线阵列横向传输的性质。重点分析了两支彼此正交的椭圆偏振模式,并辅以参数研究讨论了两支模式的物理机制,对金属螺旋线阵列中的双重物理机制进行了分析。并根据 I. V. Lindell 等人关于单轴双各向异性介质的讨论,用金属螺旋线阵列构造了可以宽带工作的波片。在实验中证实了我们的理论分析,并对其工作性能与样品厚度的依赖关系进行了验证。这类由金属螺旋线阵列构造的宽带波片还可以通过一定结构、系统设计进一步提高其转换效率、工作频段等性能;通过结构尺寸的放缩,可拓展到太赫兹及红外波段作为基本的相位延迟器件,并在微波频段作为宽频段圆极化天线、电磁干扰机等器件的基本部件。

本书第 6 章中对全文进行了总结,并简要介绍了最近在金属螺旋线阵列中发现的一些现象。预期将在现有工作的基础上,就金属螺旋线阵列在偏振调控、等效参数描述、对电磁波的双(多)折射和负反射现象进行进一步的研究。

第 2 章
金属螺旋线阵列能带理论

2.1 概　　述

2004 年,John Pendry 提出可以在手征介质中引入电谐振实现负折射[38],这一理论上的预言引起了人们对于手征特异材料研究的极大兴趣。近年来,有一系列研究工作报道在手征特异材料中,实现负等效参数[68,73,74,76-78]、强旋光性[52,56,57,59,84]和圆二色性[46,49,51,72]等奇特性质。在许多最近的工作中,手征特异材料通常使用一层或多层层叠离散分布的手征谐振结构构成,且对于手征特异材料的种种奇特性质,一般是假定经典的双各向同性本构关系可以用于描述手征特异材料,采用数值方法进行分析。且对于手征材料实现负折射的现象,多是在双各向同性本构关系假设前提下,由正入射情况下的透射率与反射率反推得到等效参数的方法预测折射率是否为负。然而,实际结构无可避免属于双各向异性材料,此外这类"黑匣子"式的推定方法以及正入射条件下的负折射率并不能等同于手征负折射的发生。

螺旋线作为螺旋对称性的典型结构,天然地就具有手征特性。显而易见,任何具有螺旋对称性的物体都不具有镜像对称性。事实上,制备具有特定电磁特性人工材料的早期尝试就与手征介质和螺旋对称性结构有关。19 世纪末,J. C. Bose 研究了扭曲的黄麻纤维的旋光特性[85]。20 世纪初,Karl F. Lindman 研究了随机排布金属螺旋线阵列的旋光性,这些工作现在被许多学者认定是最早有关特异材料的尝试[28,86,87]。20 世纪中期,随着生物、化学领域对 DNA 分子、氨基酸分子等手征分子的研究以及螺旋天线[88,89]、行波管[90-94]的发明,对于金属螺旋线的认识更加深入。此后,在 20 世纪的后 20 年里,以 I. V. Lindell,S. A. Tretyakov 等人为代表的研究群体对以金属螺旋线作为结构单元的阵列进行了一系列理论和实验研究[28,39,95,96]。值得注意的是,这些研究一般都从等效介质模型或者唯象的简化阵子模型出发,从螺旋结构出发的电磁散射严格计算方法并未得到发展。

　　出于这些认识,关于金属螺旋线有序阵列的研究还有很多基本问题需要回答。从结构上看,这类手征特异材料是一个"1+2"的三维的系统,结构单元使用的金属螺旋线是一个沿着轴向连续的结构,且具有独特的螺旋对称性,而在与其正交的水平面内,是一个两维阵列。图 2-1(a)是我们所设计的手征特异材料结构单元,我们选用的螺旋线是右旋螺旋,其主要结构参数是:螺距 p、螺旋线的直径 δ、螺旋半径 a,并将这种螺旋线排列成一个晶格常数为 d 的正方格子。

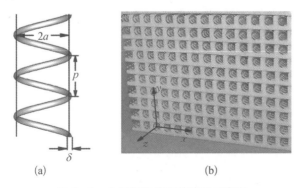

(a)　　　　　　　　　(b)

图 2-1　金属螺旋线及其阵列示意图

首先,针对我们要研究的系统的结构特性进行分析。如图 2-1(b) 所示,这是一个由金属螺旋线作为结构单元排列成的 xOy 面上正方阵列。每个结构单元,即金属螺旋线,沿 z 方向来看,自身也是一个周期性结构。虽然这是一个比较复杂的结构,但注意到尽管每个金属螺旋自身有一定的结构,但总体上来看是一个圆柱体,那么整个结构就可以看作是由圆柱形散射体构成的一个周期性结构。这就使我们想到研究圆柱体、球体阵列结构的多重散射法[97-105](Multiple Scattering Theory,MST)。

2.1.1 二维系统多重散射法

在由均匀背景介质和位于其中的多个散射体共同构成的系统中,波在传播的过程中会受到各个散射体的散射,而散射波遇到其他散射体时又会被再次散射,这就是多重散射的过程。对于结构不规则的散射体所构成的系统,严格求解相当困难,然而对于由圆柱体或球体作为散射体构成的系统,各散射体的散射波可以用柱函数或球函数进行严格的展开,可以对这类系统中波的传播问题进行解析的求解。

下面就以二维金属柱光子晶体能带的求解为例来说明多重散射法求解问题的过程。二维金属柱光子晶体是由半径为 R 的无限长金属圆柱在各向同性、均匀的背景中按二维周期格子排布成的阵列,各圆柱体中心位置为 $\boldsymbol{R}_p = (R_p, \varphi_p)$。定义金属柱轴向为 z 轴。考虑 xOy 面上的能带问题,即各场分量沿 z 方向均匀,波矢无 z 分量。分 TM 波(S 波)和 TE 波(P 波)两种情况讨论。对于这两种偏振,各场分量均可以由齐次 Helmholtz 方程和在各金属圆柱表面(∂C_p)上的边界条件进行求解。

$$\begin{cases} (\nabla^2 + k^2)V = 0 \\ V = E_z(\text{TM}) \quad V = H_z(\text{TE}) \\ V\big|_{\partial C_p} = 0(\text{TM}) \quad \dfrac{\partial V}{\partial \boldsymbol{n}}\bigg|_{\partial C_p} = 0(\text{TE}) \end{cases} \tag{2-1}$$

另外由 Bloch 理论,各场分量还需满足准周期条件

$$V(\boldsymbol{r}+\boldsymbol{R}_p) = \mathrm{e}^{ik_0 \cdot \boldsymbol{R}_p} V(\boldsymbol{r}) \qquad (2-2)$$

这样对于 TM 波和 TE 波的求解就分别化为求解一个 Dirichlet 问题和一个 Neumann 问题,方程的解与矢径和角度有关。在求解能带问题时,系统无入射场,中心位于原点的圆柱所在原胞内的场 V 包含两部分的成分,一是其自身的散射场,二是其他各圆柱的散射场。设对应中心位于原点和 $\boldsymbol{R}_p$ 的圆柱体的散射场分别为 $V_0(\boldsymbol{\rho})$ 和 $V_p(\boldsymbol{\rho})$,两者可由式(2-1)和式(2-2)求得:

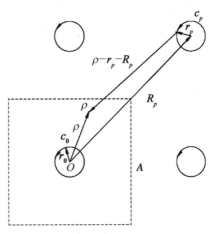

图 2-2 二维金属柱光子晶体结构示意图

$$V_0(\boldsymbol{\rho}) = \sum_{l=-\infty}^{\infty} B_l H_l^{(1)}(k\rho) \mathrm{e}^{il\theta}$$

$$V_p(\boldsymbol{\rho}) = \sum_{l=-\infty}^{\infty} B_l H_l^{(1)}(k \mid \boldsymbol{\rho}-\boldsymbol{R}_p \mid) \mathrm{e}^{il\phi_{\boldsymbol{\rho}-\boldsymbol{R}_p}} \mathrm{e}^{ik_0 \cdot \boldsymbol{R}_p} \qquad (2-3)$$

$$= \sum_{m,l=-\infty}^{\infty} B_m H_{l-m}^{(1)}(kR_p) J_l(k\rho) \mathrm{e}^{il\theta} \mathrm{e}^{-i(l-m)\varphi_p} \mathrm{e}^{ik_0 \cdot \boldsymbol{R}_p}$$

其中,B_l 为散射场按第一类 Hankel 函数展开的系数。代入式(2-1)中边界条件可以求得

$$\begin{cases} \left[i-\dfrac{N_l(kR)}{J_l(kR)}\right]B_l + i\displaystyle\sum_{m=-\infty}^{\infty} B_m S_{l-m}(k, \boldsymbol{k}_0) = 0 & \text{TE} \\[4mm] \left[i-\dfrac{N_l'(kR)}{J_l'(kR)}\right]B_l + i\displaystyle\sum_{m=-\infty}^{\infty} B_m S_{l-m}(k, \boldsymbol{k}_0) = 0 & \text{TM} \end{cases} \qquad (2-4)$$

其中

$$S_{l-m}(k, \boldsymbol{k_0}) = \sum_{p \neq 0} H_{l-m}^{(1)}(kR_p) e^{-i(l-m)\varphi_p} e^{i\boldsymbol{k_0} \cdot \boldsymbol{R_p}} \tag{2-5}$$

它被称为 Lattice Sum,是关于 Hankel 函数的一个无限求和,直接算收敛很慢,需要通过别的方法来进行计算,在后文中会有相应的讨论。

对于 Lattice Sum,由其定义出发,可以做一些简化

$$\begin{aligned} S_l(k, \boldsymbol{k_0}) &= \sum_{p \neq 0} H_l^{(1)}(kR_p) e^{-il\varphi_p} e^{i\boldsymbol{k_0} \cdot \boldsymbol{R_p}} \\ &= S_l^J(k, \boldsymbol{k_0}) + i S_l^Y(k, \boldsymbol{k_0}) \\ &= \sum_{p \neq 0} J_l(kR_p) e^{-il\varphi_p} e^{i\boldsymbol{k_0} \cdot \boldsymbol{R_p}} + i \sum_{p \neq 0} N_l(kR_p) e^{-il\varphi_p} e^{i\boldsymbol{k_0} \cdot \boldsymbol{R_p}} \end{aligned} \tag{2-6}$$

其中 $S_l^J(k, \boldsymbol{k_0}) = \sum_{p \neq 0} J_l(kR_p) e^{-il\varphi_p} e^{i\boldsymbol{k_0} \cdot \boldsymbol{R_p}} = -\delta_{l,0}$。因而前面推导出的边界条件可以做进一步的简化,得到 $\boldsymbol{M} \cdot B = 0$ 形式的本征方程,$\boldsymbol{M}$ 矩阵阵元为

$$\begin{cases} \boldsymbol{M}_{l,m} = \dfrac{N_l(kR)}{J_l(kR)} \delta_{l,m} + S_{l-m}^Y(k, \boldsymbol{k_0}) & \text{TM} \\[4mm] \boldsymbol{M}_{l,m} = \dfrac{N_l'(kR)}{J_l'(kR)} \delta_{l,m} + S_{l-m}^Y(k, \boldsymbol{k_0}) & \text{TE} \end{cases} \tag{2-7}$$

注意到矩阵 $\boldsymbol{M}$ 的各矩阵元仅包含频率、波矢和散射体大小、材料、空间分布的信息,若这个线性方程组有非奇异解,就要求 $\det |\boldsymbol{M}| = 0$。求解 $\det |\boldsymbol{M}| = 0$,就可以解出能带关系、本征模式场分布等结果。当考虑有电磁波入射到系统时的反射和透射波问题时,可以用柱函数对入射波进行展开,与金属柱区域的场通过边界条件建立联系,就可以求解透射、反射问题。

2.1.2 金属螺旋线理论模型

由上一小节的介绍可以了解到,多重散射法求解问题的核心思想是:

首先得到系统中各散射体的散射特性;然后以一个散射体为分析对象,其边界上的场包含了其自身的散射场、其他各散射体的散射场和入射场,总场满足边界条件;进而得到空间各处的场分布、本征方程、透射率、反射率等结果。对于金属柱、介质柱这样的规则结构,各散射体的散射特性、边界条件都可简单的得到,而对于我们现在要考虑的系统,散射体是金属螺旋线,结构比较复杂且在 z 方向上还有周期性,它的散射特性和边界条件就成了解决整个问题的关键。

对于金属螺旋线结构,作为行波管(Travelling-Wave-Tube)和螺旋天线(Helical Antennas)的基本结构,在 20 世纪中期有一系列理论和实验的研究工作[88-94,106],提出了一些很好的理论简化模型,最有代表性的有螺旋导片模型(Sheath Helix)和螺旋带模型(Tape Helix)。1947 年由 J. R. Pierce 提出的螺旋导片模型[90-92]将螺旋线视为一个均匀的无限薄圆桶,在圆桶外壁上沿螺旋线方向上理想导电,而沿垂直方向理想绝缘,也就是一种各向异性的边界条件。这种均匀系统的模型在波长比螺距大很多的情况下是一个很好的近似,但在波长稍小的频段内就不再适用了。

此后,在 1955 年,S. Sensiper 提出了螺旋带模型[94],如图 2-3 所示,螺旋带模型是由宽度为 δ 的无穷薄理想导电带绕成的半径为 a,螺距为 p 的螺旋,旋进角为 ψ,由 $\cot \psi = 2\pi a/p$ 定义。相对于真实螺旋线来说,δ 就是螺旋线的直径,a 就是平均半径。这一模型已经比较接近实际螺旋线了,

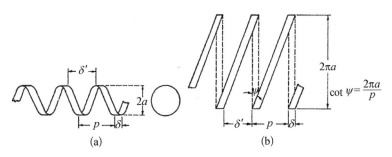

图 2-3　螺旋带模型

尤其是研究螺旋线附近的场分布细节时可以给出很好的近似结果。这是由于这一理论近似模型恰当地保留了真实螺旋线的三个与其周围场分布密切相关的几何特性：

(1) 周期性。系统沿轴向为周期结构(周期为螺距)，也就是说两个截面上场的横向分布仅差一个相位因子，设 U 为任意场分量则有

$$U(\rho, \phi, z) = e^{i\beta_0 z} F(\rho, \phi, z)$$

$$F(\rho, \phi, z + mp) = F(\rho, \phi, z)$$

$$(2-8)$$

(2) 整圆周性。螺旋带结构包括整个圆周 2π，因而具有关于辐角的自然周期边界条件，当 ϕ 变化 2π 的整数倍时场分布与原场分布相同。

$$F(\rho, \phi + 2\pi l, z) = F(\rho, \phi, z) \qquad (2-9)$$

(3) 螺旋对称性。当结构沿 z 轴移动 Δz，同时旋转一个角度 $\Delta\phi = 2\pi\Delta z/p$ 后，与原来的系统重合。

$$F\left(\rho, \phi + 2\pi \frac{\Delta z}{p}, z + \Delta z\right) = F(\rho, \phi, z) \qquad (2-10)$$

根据螺旋带的轴向周期性和整圆周性，可将 $F(\rho, \phi, z)$ 写成一双重级数展开的形式

$$F(\rho, \phi, z) = \sum_{v=-\infty}^{\infty} \sum_{n=-\infty}^{\infty} F_{vn}(\rho) e^{iv\phi} e^{i\frac{2\pi n}{p}z} \qquad (2-11)$$

然而由于结构同时还具有螺旋对称性，式(2-10)，空间中各场分量的辐角与轴向位置两个坐标是缔合在一起的，这就要求场分量中关于辐角和轴向位置的两组独立基矢实际上要退化为一组基矢。在满足螺旋对称性要求之后，周期函数 F 变为单重级数展开的形式

$$F(\rho, \phi, z) = \sum_{n=-\infty}^{\infty} F_n(\rho) e^{-in\phi} e^{i\frac{2\pi n}{p}z} \qquad (2-12)$$

由此就可以写出圆柱坐标系下空间中各电磁场分量的表达式,并通过圆柱界面上的边界条件建立各场分量之间的联系。考虑到螺旋带是理想导电的,其表面存在面电流,所以在 $\rho = a$ 的界面两侧磁场切向分量不连续,电场切向分量连续,表达式为

$$
\begin{aligned}
E_{t1}(a) &= E_{t2}(a) \quad H_{t2}(a) - H_{t1}(a) = \alpha_f \\
E_{z1}(a) &= E_{z2}(a) \quad H_{z2}(a) - H_{z1}(a) = -J_{s\phi}(a) \\
E_{\phi1}(a) &= E_{\phi2}(a) \quad H_{\phi2}(a) - H_{\phi1}(a) = J_{sz}(a)
\end{aligned} \tag{2-13}
$$

式(2-13)中的 $J_{s\phi}(a)$,$J_{sz}(a)$ 为界面上表面电流的 ϕ,z 分量,为满足边界条件,它们也必然是沿 z 方向传播的,可分解成空间谐波的形式

$$
J_{s\phi}(a) = \sum_n J_{\phi n} e^{-in\phi} e^{i\beta_n z} \quad J_{sz}(a) = \sum_n J_{zn} e^{-in\phi} e^{i\beta_n z}
$$

其中 $\beta_n = \beta_0 + \dfrac{2\pi n}{p}$。

经过这些分析就可以看出,给出螺旋带表面的面电流分布是求解螺旋带周围电磁场分布和色散关系等问题的核心。对于这一问题,虽然使用螺旋带表面上切向电场为零的条件,可以严格地求出面电流分布,但求解过程比较复杂,故需要给出一个合理的面电流分布假设作为近似的边界条件,再利用上面给出的边界条件的四个表达式来求出各场分量的系数和本征方程。如图 2-4 所示,面电流可分解为沿螺旋带方向的 $J_{\parallel}$ 和垂直于螺旋带的 $J_{\perp}$,它们和 J_{ϕ} 与 J_z 的关系为

$$
J_{\phi} = J_{\parallel}\cos\psi - J_{\perp}\sin\psi \quad J_z = J_{\parallel}\sin\psi + J_{\perp}\cos\psi
$$

对于表面电流分布情况,S. Sensiper 做出的假设是表面电流仅沿平行于带的方向流动($J_{\perp} = 0$),振幅沿带宽为常数,等相位面为等 z 面。这一假设对于窄带,即 $\delta \ll \lambda$ 的情况来说,是一个很好的近似,这一点我们也通过 FDTD 模拟进行过验证,并且对于螺旋带阵列也是基本上适用的。

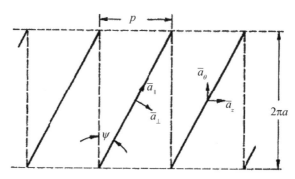

图 2-4　螺旋带表面电流圆柱坐标与自然坐标分量关系

由边界条件四式导出空间中各场分量后，应用螺旋带中线上 $E_{\parallel}(a)$ 为零的近似边界条件，$E_{\parallel}(a,\phi,\rho\phi/2\pi)=0$，可以得到螺旋线的本征方程

$$\sum_n \left[\left(\tau_n^2 a^2 - 2n\beta_n a\cot\psi + \frac{n^2\beta_n^2}{\tau_n^2}\cot^2\psi \right) I_n(\tau_n a) K_n(\tau_n a) + \right.$$

$$\left. k^2 a^2 \cot^2\psi I'_n(\tau_n a) K'_n(\tau_n a) \right] R_n = 0 \qquad (2-14)$$

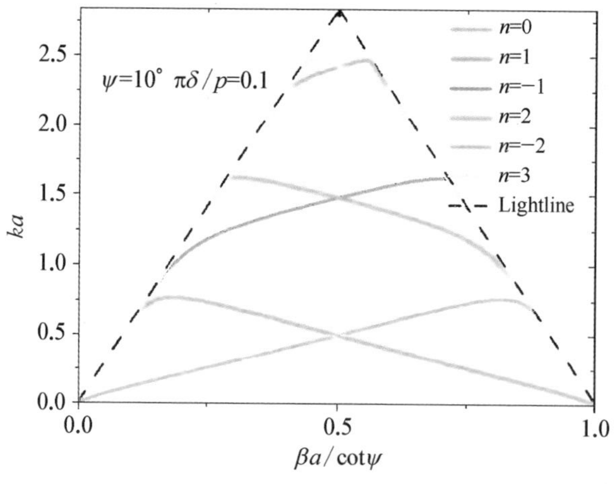

图 2-5　螺旋带模型计算的螺旋线能带，结构参数如图注

螺旋带模型对于解释行波管系统获得了很大的成功，它考虑了各阶符合螺旋对称性的空间谐波叠加的情形，从其本征方程（2-14）上就可以看

出,将求和号去掉,则本征方程就退化为 Pierce 提出的螺旋导片模型的本
征方程[90-92]

$$\beta a = (n + ka) \cot \psi \qquad (2-15)$$

应用螺旋带模型,我们可以给出单根金属螺旋线的散射场,再结合多
重散射法,应用 S. Sensiper 螺旋带模型理论的处理方法和表面电流假设,
我们就可以对金属螺旋线阵列进行解析的分析了。

2.2　螺旋对称系统的多重散射法

我们所研究的系统是由右旋金属螺旋线排列成的二维正方阵列,以螺
旋线轴向为 z 轴,在 xOy 面上的,正格矢(也就是各螺旋线中心的位置)与
倒格矢分别为

$$\boldsymbol{R}_p = (n_x \boldsymbol{a}_x + n_y \boldsymbol{a}_y) = (R_p, \varphi_p) \qquad (2-16)$$
$$\boldsymbol{K}_h = (n_x \boldsymbol{b}_x + n_y \boldsymbol{b}_y) = (K_h, \gamma_h)$$

其中 $\boldsymbol{a}_x$,$\boldsymbol{a}_y$ 为 x 和 y 方向上的单位矢量,$\boldsymbol{b}_x$,$\boldsymbol{b}_y$ 为倒格子基矢,二者之间的
关系为

$$\boldsymbol{b}_x = 2\pi \frac{\boldsymbol{a}_y \times \boldsymbol{a}}{\Omega}, \ \boldsymbol{b}_y = 2\pi \frac{\boldsymbol{a}_x \times \boldsymbol{a}}{\Omega}, \ \boldsymbol{a} = \frac{\boldsymbol{a}_x \times \boldsymbol{a}_y}{\Omega}, \ n_x, \ n_y \in Z$$

我们对金属螺旋线阵列能带求解的基本思想就是基于多重散射法,首
先使用螺旋带模型得到单根金属螺旋线的散射场,进而得到中心螺旋线的
边界上的各电磁场分量(包括中心螺旋线自身的散射场和其他各个螺旋线
的散射场),最后与螺旋带模型中的处理方法相类似,采用均匀电流分布假
设,通过边界条件将中心螺旋线内外的场建立联系,得到各场分量表达式

中的待定系数和本征方程。

首先考虑中心螺旋线周围的场分布,与螺旋带模型理论中相同,中心金属螺旋线周围的各场分量以及 Borgnis 函数可以写成一组符合螺旋对称性的空间谐波展开的形式:

$$U(\rho, \phi, z) = e^{ik_z z} F(\rho, \phi, z)$$

$$= e^{ik_z z} \sum_{n=-\infty}^{\infty} F_n(\rho) e^{-in\phi} e^{i\frac{2\pi n}{p}z} \tag{2-17}$$

其中,k_z 为轴向 Bloch 波波矢,$F_n(\rho)$ 为圆柱坐标系中满足 Helmholtz 方程的函数。注意,如果讨论的是左旋金属螺旋线构成的阵列,式(2-17)中关于角度的相因子就要变为 $e^{in\phi}$。

Borgnis 函数 U 在空间中满足齐次 Helmholtz 方程 $\nabla^2 U + k^2 U = 0$,柱坐标下的形式为

$$\frac{1}{\rho} \frac{\partial}{\partial \rho} \left(\rho \frac{\partial U}{\partial \rho} \right) + \frac{1}{\rho^2} \frac{\partial^2 U}{\partial \phi^2} + \frac{\partial^2 U}{\partial z^2} + k^2 U = 0 \tag{2-18}$$

设 $U(\rho, \phi, z) = R(\rho)\Phi(\phi)Z(z)$,对式(2-18)进行分离变量,得到三个独立对应各坐标的方程

$$\rho \frac{d}{d\rho} \left(\rho \frac{dR}{d\rho} \right) + (T^2 \rho^2 - v^2)R = 0$$

$$\frac{d^2 \Phi}{d\phi^2} + v^2 \phi = 0 \qquad \frac{d^2 Z}{dz^2} + \beta^2 z = 0$$

现在的系统中由螺旋带的整圆周性带来的自然边界决定了其中 $v \in Z$,这里写成 n。轴向的周期性和整圆周性由螺旋性联系到了一起,决定了各级空间谐波的轴向波矢与 n 的关系为

$$\beta_n = k_z + \frac{2\pi n}{p} \tag{2-19}$$

这样各级模式中关于极径的方程就化为

$$\rho \frac{\mathrm{d}}{\mathrm{d}\rho}\left(\rho \frac{\mathrm{d}F_n}{\mathrm{d}\rho}\right) + (T_n^2\rho^2 - n^2)F_n = 0 \qquad (2-20)$$

其中 $T_n^2 = k^2 - (k_z + 2\pi n/p)^2$，$T_n$，$\beta_n$ 分别为 n 级空间谐波切向和轴向的波矢。

对于快波的模式来说，T_n 为实数，方程(2-20)展开来就是为

$$\rho^2 \frac{\mathrm{d}^2 F_n}{\mathrm{d}\rho^2} + \rho \frac{\mathrm{d}F_n}{\mathrm{d}\rho} + (T_n^2\rho^2 - n^2)F_n = 0$$

这是典型的整数阶 Bessel 方程，通解是 $J_n(\tau_n\rho)$，$N_n(\tau_n\rho)$，$H_n^{(1)}(\tau_n\rho)$ 和 $H_n^{(2)}(\tau_n\rho)$ 的线性组合，具体系数根据边界条件来决定。

对慢波模式，T_n 为纯虚数，令 $T_n = i\tau_n$，则 $\beta_n^2 - \tau_n^2 = k^2$，方程(2-20)展开为

$$\rho^2 \frac{\mathrm{d}^2 F_n}{\mathrm{d}\rho^2} + \rho \frac{\mathrm{d}F_n}{\mathrm{d}\rho} - (\tau_n^2\rho^2 + n^2)F_n = 0$$

这是典型的整数阶虚宗量 Bessel 方程，通解是 $I_n(\tau_n\rho)$ 和 $K_n(\tau_n\rho)$ 的线性组合，系数同样要根据具体的边界条件来决定。

在 S. Sensiper 的螺旋带模型理论中，仅对图 2-6 中空白部分进行了求解，并将图 2-6 中阴影部分称为禁带。这是由于螺旋带模型主要是去解决使用单根金属螺旋线构造的行波管轴向传输的问题，考虑的是导行波，即慢波，而图 2-6 中阴影部分对应的是单根金属螺旋线的辐射模式，即螺旋天线的工作模式，已经不在行波管理论的讨论范围内了。

在我们求解金属螺旋线阵列的能带过程中，对于光锥上下都要进行分析，考虑到切向和轴向的波矢以及两者与自由空间波矢之间的关系，可以看到在光锥下方的区域中(图 2-6 中空白部分)，$(k_z + 2\pi n/p)^2 > \beta_0^2 > k^2$，

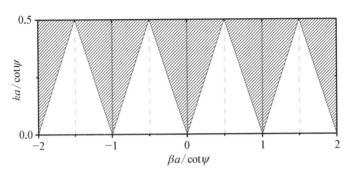

图 2-6 能带求解分区

故所有级数的空间谐波对应的切向波矢 $T_n^2 < 0$，也就是说所有阶均为慢波模式。对于光锥上方未高出布里渊区边界上光锥的区域(图 2-6 中阴影部分)，仅有某一级的空间谐波对应的切向波矢 $T_n^2 > 0$，为快波模式，其余各级仍满足 $T_n^2 < 0$，仍为慢波模式，只是由于在不同区域中都有特定一级的模式为快波模式，须特别对待。这里是对应求解轴向能带的情况，实际上对于旁轴方向能带求解时情况也与此基本相同。然而注意光锥上方存在快波模式之后，也仅仅是使用的柱函数为一般柱 Bessel 函数的变化，且虚宗量柱 Bessel 函数与一般柱 Bessel 之间存在简单的对应关系

$$I_v(x) = (-i)^v J_v(ix) = i^{-v} J_v(ix),$$

$$K_v(x) = i^{v+1} \frac{\pi}{2} H_v^{(1)}(ix)$$

二者的区别仅仅是自变量变成虚数并加入一个系数而已，因而光锥上方和下方的能带求解实际上是可以统一起来的。考虑公式系统的统一，这里我们将各级空间谐波都按照慢波模式来写，其切向波矢均为虚数，设 $T_n = i\tau_n$。于是轴向波矢、自由空间波矢之间的关系为 $\beta_n^2 = k^2 + \tau_n^2$。对于中心螺旋线自身的散射场求解时，将求解区域作一个划分，$\rho \leqslant a$ 和 $\rho \geqslant a$ 分别称为 1 区和 2 区。考虑到 1 区中无源，且在中心不能发散；2 区是一个无界的区域，在无穷远处不能发散。因此 $F_n(\rho)$ 在 1 区为 $I_n(\tau_n\rho)$，在 2 区为

$K_n(\tau_n \rho)$。于是两区中的 Borgnis 函数 U，V 分别为

$$U_{0,1} = \sum_{n=-\infty}^{\infty} A_n I_n(\tau_n \rho) e^{-in\phi} e^{i\beta_n z}$$

$$V_{0,1} = \sum_{n=-\infty}^{\infty} B_n I_n(\tau_n \rho) e^{-in\phi} e^{i\beta_n z}$$

$$\hspace{8cm} (2-21)$$

$$U_{0,2} = \sum_{n=-\infty}^{\infty} C_n K_n(\tau_n \rho) e^{-in\phi} e^{i\beta_n z}$$

$$V_{0,2} = \sum_{n=-\infty}^{\infty} D_n K_n(\tau_n \rho) e^{-in\phi} e^{i\beta_n z}$$

其中 $\beta_n^2 - \tau_n^2 = k^2 = \omega^2 \mu \varepsilon$，下标 0 对应中心螺旋线自身的散射场，下标 1 或 2 对应求解区域。

那么，其他各螺旋带内外的 Borgnis 函数可以写成

$$U_{p,2} = \sum_{n=-\infty}^{\infty} C_n K_n(\tau_n \mid \boldsymbol{\rho} - \boldsymbol{R_p} \mid) e^{-in\phi_{\boldsymbol{\rho}-\boldsymbol{R_p}}} e^{i\beta_n z} e^{i\boldsymbol{k_i} \cdot \boldsymbol{R_p}}$$

$$\hspace{8cm} (2-22)$$

$$V_{p,2} = \sum_{n=-\infty}^{\infty} D_n K_n(\tau_n \mid \boldsymbol{\rho} - \boldsymbol{R_p} \mid) e^{-in\phi_{\boldsymbol{\rho}-\boldsymbol{R_p}}} e^{i\beta_n z} e^{i\boldsymbol{k_i} \cdot \boldsymbol{R_p}}$$

其中 $\boldsymbol{k_i}$ 为切向的 Bloch 波波矢。通过式(2-21)和式(2-22)可以得到中心螺旋线周围总的 Borgnis 函数为

$$U_2 = U_{0,2} + \sum_{p \neq 0} U_{p,2}$$

$$= \sum_{n=-\infty}^{\infty} C_n K_n(\tau_n \rho) e^{-in\phi} e^{i\beta_n z} +$$

$$\sum_{p \neq 0} \sum_{l=-\infty}^{\infty} C_l K_l(\tau_l \mid \boldsymbol{\rho} - \boldsymbol{R_p} \mid) e^{-il\phi_{\boldsymbol{\rho}-\boldsymbol{R_p}}} e^{i\beta_l z} e^{i\boldsymbol{k_i} \cdot \boldsymbol{R_p}}$$

$$= \sum_{n=-\infty}^{\infty} C_n K_n(\tau_n \rho) e^{-in\phi} e^{i\beta_n z} +$$

$$\sum_{l,\,n=-\infty}^{\infty} C_l(-1)^l S_{n-l}(\tau_l,\,\boldsymbol{k_i}) I_n(\tau_l \rho) e^{-in\phi} e^{i\beta_l z} \qquad (2-23)$$

其中，$S_l(\tau,\,\boldsymbol{k_i}) = \sum_{p\neq 0} K_l(\tau R_p) e^{il\varphi_p} e^{i\boldsymbol{k_i} \cdot \boldsymbol{R_p}}$ 为 Lattice Sum。同样的，可以求得 V

$$
\begin{aligned}
V_2 &= V_{0,2} + \sum_{p\neq 0} V_{p,2} \\
&= \sum_{n=-\infty}^{\infty} D_n K_n(\tau_n \rho) e^{-in\phi} e^{i\beta_n z} + \\
&\quad \sum_{l,\,n=-\infty}^{\infty} D_l(-1)^l S_{n-l}(\tau_l,\,\boldsymbol{k_i}) I_n(\tau_l \rho) e^{-in\phi} e^{i\beta_l z} \qquad (2-24)
\end{aligned}
$$

在推导式（2 - 23）和式（2 - 24）的过程中，使用了 Graf's Addition Theorem，即将以其他圆柱中心为坐标原点的虚宗量 Bessel 函数展开成以中心圆柱的中心为坐标原点的虚宗量 Bessel 函数级数形式，这样就统一了表达式，使求解变得简单可行。

由此可以写出中心原胞中两区各场分量的表达式如下：

$\rho \leqslant a$，1 区

$$E_{z1} = \sum_n -\tau_n^2 A_n I_n(\tau_n \rho) e^{-in\phi} e^{i\beta_n z}$$

$$E_{\rho 1} = \sum_n \left[i\beta_n \tau_n A_n I_n'(\tau_n \rho) + \frac{\omega\mu n}{\rho} B_n I_n(\tau_n \rho) \right] e^{-in\phi} e^{i\beta_n z}$$

$$E_{\phi 1} = \sum_n \left[\frac{\beta_n n}{\rho} A_n I_n(\tau_n \rho) - i\omega\mu \tau_n B_n I_n'(\tau_n \rho) \right] e^{-in\phi} e^{i\beta_n z} \qquad (2-25)$$

$$H_{z1} = \sum_n -\tau_n^2 B_n I_n(\tau_n \rho) e^{-in\phi} e^{i\beta_n z}$$

$$H_{\rho 1} = \sum_n \left[i\beta_n \tau_n B_n I_n'(\tau_n \rho) - \frac{\omega\varepsilon n}{\rho} A_n I_n(\tau_n \rho) \right] e^{-in\phi} e^{i\beta_n z}$$

$$H_{\phi 1} = \sum_n \left[\frac{\beta_n n}{\rho} B_n I_n(\tau_n \rho) + i\omega\varepsilon \tau_n A_n I_n'(\tau_n \rho) \right] e^{-in\phi} e^{i\beta_n z}$$

$\rho \geqslant a$, 2 区

$$E_{z2} = \sum_n -\tau_n^2 C_n K_n(\tau_n \rho) \mathrm{e}^{-in\phi} \mathrm{e}^{i\beta_n z} +$$
$$\sum_{l,n} -\tau_l^2 C_l(-1)^l S_{n-l}(\tau_l, \mathbf{k}_i) I_n(\tau_l \rho) \mathrm{e}^{-in\phi} \mathrm{e}^{i\beta_l z}$$

$$E_{\rho 2} = \sum_n \left[i\beta_n \tau_n C_n K_n'(\tau_n \rho) + \frac{\omega\mu n}{\rho} D_n K_n(\tau_n \rho) \right] \mathrm{e}^{-in\phi} \mathrm{e}^{i\beta_n z} +$$
$$\sum_{l,n} \left[i\beta_l \tau_l C_l(-1)^l S_{n-l}(\tau_l, \mathbf{k}_i) I_n'(\tau_l \rho) + \right.$$
$$\left. \frac{\omega\mu n}{\rho} D_l(-1)^l S_{n-l}(\tau_l, \mathbf{k}_i) I_n(\tau_l \rho) \right] \mathrm{e}^{-in\phi} \mathrm{e}^{i\beta_l z}$$

$$E_{\phi 2} = \sum_n \left[\frac{\beta_n n}{\rho} C_n K_n(\tau_n \rho) - i\omega\mu\tau_n D_n K_n'(\tau_n \rho) \right] \mathrm{e}^{-in\phi} \mathrm{e}^{i\beta_n z} +$$
$$\sum_{l,n} \left[\frac{\beta_l n}{\rho} C_l(-1)^l S_{n-l}(\tau_l, \mathbf{k}_i) I_n(\tau_l \rho) - \right.$$
$$\left. i\omega\mu\tau_l D_l(-1)^l S_{n-l}(\tau_l, \mathbf{k}_i) I_n'(\tau_l \rho) \right] \mathrm{e}^{-in\phi} \mathrm{e}^{i\beta_l z}$$

$$H_{z2} = \sum_n -\tau_n^2 D_n K_n(\tau_n \rho) \mathrm{e}^{-in\phi} \mathrm{e}^{i\beta_n z} +$$
$$\sum_{l,n} -\tau_l^2 D_l(-1)^l S_{n-l}(\tau_l, \mathbf{k}_i) I_n(\tau_l \rho) \mathrm{e}^{-in\phi} \mathrm{e}^{i\beta_l z}$$

$$H_{\rho 2} = \sum_n \left[i\beta_n \tau_n D_n K_n'(\tau_n \rho) - \frac{\omega\varepsilon n}{\rho} C_n K_n(\tau_n \rho) \right] \mathrm{e}^{-in\phi} \mathrm{e}^{i\beta_n z} +$$
$$\sum_{l,n} \left[i\beta_l \tau_l D_l(-1)^l S_{n-l}(\tau_l, \mathbf{k}_i) I_n'(\tau_l \rho) - \right.$$
$$\left. \frac{\omega\varepsilon n}{\rho} C_l(-1)^l S_{n-l}(\tau_l, \mathbf{k}_i) I_n(\tau_l \rho) \right] \mathrm{e}^{-in\phi} \mathrm{e}^{i\beta_l z}$$

$$H_{\phi 2} = \sum_n \left[\frac{\beta_n n}{\rho} D_n K_n(\tau_n \rho) + i\omega\varepsilon\tau_n C_n K_n'(\tau_n \rho) \right] \mathrm{e}^{-in\phi} \mathrm{e}^{i\beta_n z} +$$
$$\sum_{l,n} \left[\frac{\beta_l n}{\rho} D_l(-1)^l S_{n-l}(\tau_l, \mathbf{k}_i) I_n(\tau_l \rho) + \right.$$

$$i\omega\varepsilon\tau_l C_l(-1)^l S_{n-l}(\tau_l, \boldsymbol{k}_i) I'_n(\tau_l\rho)\Big] \mathrm{e}^{-in\phi}\mathrm{e}^{i\beta_l z} \qquad (2-26)$$

为了确定各待定系数 A_n，B_n，C_n 和 D_n，必须要将两区中的场联系起来，这就是要考虑边界条件，即式(2-13)。

$$E_{t1}(a) = E_{t2}(a) \qquad\qquad H_{t2}(a) - H_{t1}(a) = \alpha_f$$

$$E_{z1}(a) = E_{z2}(a) \qquad\qquad H_{z2}(a) - H_{z1}(a) = -J_{s\phi}(a)$$

$$E_{\phi1}(a) = E_{\phi2}(a) \qquad\qquad H_{\phi2}(a) - H_{\phi1}(a) = J_{sz}(a)$$

$$J_{s\phi}(a) = \sum_n J_{\phi n}\mathrm{e}^{-in\phi}\mathrm{e}^{i\beta_n z} \qquad J_{sz}(a) = \sum_n J_{zn}\mathrm{e}^{-in\phi}\mathrm{e}^{i\beta_n z}$$

对于表面电流，这里我们也采用与单根螺旋带相同的假设，即表面电流仅沿平行于带的方向流动，振幅沿带宽为常数，等相位面为等 z 面。那么，平行方向上的电流也可以写成级数形式，即

$$J_{\parallel}(a) = \sum_n J_{\parallel n}\mathrm{e}^{-in\phi}\mathrm{e}^{i\beta_n z} \qquad (2-27)$$

根据 J_ϕ 和 J_z 与 $J_\parallel$ 和 $J_\perp$ 的关系，面电流级数表达式系数之间的关系为

$$J_{\phi n} = J_{\parallel n}\cos\psi \qquad J_{zn} = J_{\parallel n}\sin\psi \qquad (2-28)$$

由对 $J_\parallel$ 的振幅与相位分布的假设，振幅沿带宽为常数，等相位面为等 z 面。于是 $J_\parallel$ 可以写作

$$J_\parallel = \begin{cases} \dfrac{\dfrac{p}{\delta}J\mathrm{e}^{i\left[\beta_0\frac{p\phi}{2\pi}+\beta_\parallel\left(z-\frac{p\phi}{2\pi}\right)\right]}}{\sqrt{1-\xi\left[2\left(z+\dfrac{p\phi}{2\pi}\right)\Big/\delta\right]^2}} & \left(\dfrac{p\phi}{2\pi}-\dfrac{\delta}{2} < z < \dfrac{p\phi}{2\pi}+\dfrac{\delta}{2}\right) \\[4mm] 0 & \left(z < \dfrac{p\phi}{2\pi}-\dfrac{\delta}{2}, \ z > \dfrac{p\phi}{2\pi}+\dfrac{\delta}{2}\right) \end{cases}$$

$$(2-29)$$

其中,系数为 $\xi = 0$, $\beta_\parallel = \beta_0$,以此为已知函数,就通过积分求出其展开的傅里叶级数的各阶系数为

$$J_{\parallel n} = J R_n \quad R_n = \frac{\sin \dfrac{n\pi\delta}{p}}{\dfrac{n\pi\delta}{p}} = \sin c \, \frac{n\pi\delta}{p} \qquad (2-30)$$

于是可在边界条件的四个式子中代入各场分量和电流的表达式,得到四个方程,直接得到的四个方程形式太过复杂,这里给出的是简化后的形式。

$$A_n I_n(\tau_n a) = C_n K_n(\tau_n a) + \sum_l C_n (-1)^n S_{l-n}(\tau_n, \boldsymbol{k}_i) I_l(\tau_n a)$$

$$B_n I'_n(\tau_n a) = D_n K'_n(\tau_n a) + \sum_l D_n (-1)^n S_{l-n}(\tau_n, \boldsymbol{k}_i) I'_l(\tau_n a)$$

$$D_n K_n(\tau_n a) + \sum_l D_n (-1)^n S_{l-n}(\tau_n, \boldsymbol{k}_i) I_l(\tau_n a) - B_n I_n(\tau_n a)$$

$$= \frac{J R_n}{\tau_n^2} \cos\psi$$

$$C_n K'_n(\tau_n a) + \sum_l C_n (-1)^n S_{l-n}(\tau_n, \boldsymbol{k}_i) I'_l(\tau_n a) - A_n I'_n(\tau_n a)$$

$$= \frac{J R_n}{i\omega\varepsilon\tau_n} \left(\sin\psi - \frac{n\beta_n}{a\tau_n^2} \cos\psi \right) \qquad (2-31)$$

可见这四个方程构成了一个四阶线性方程组,其中未知的量 A_n, B_n, C_n, D_n 均可以用取决于电磁波强度的量 J 来表示,因此方程一定是可解的。通过一系列变量代换操作可以到四个待定系数的表达式

$$A_n = \frac{J R_n y_n}{i x_n \omega\varepsilon\tau_n} \left(-\sin\psi + \frac{n\beta_n}{a\tau_n^2} \cos\psi \right)$$

$$B_n = \frac{J R_n z_n}{x_n \tau_n^2} \cos\psi$$

$$C_n = \frac{J R_n}{i x_n \omega\varepsilon\tau_n} \left(-\sin\psi + \frac{n\beta_n}{a\tau_n^2} \cos\psi \right) I_n(\tau_n a)$$

$$D_n = \frac{JR_n}{x_n\tau_n^2}\cos\psi I_n'(T_n a) \tag{2-32}$$

其中

$$x_n = \frac{1}{\tau_n a} + (-1)^n \sum_l S_{l-n}(\tau_n, \boldsymbol{k_i})\big[I_l(\tau_n a)I_n'(\tau_n a) -$$

$$I_l'(\tau_n a)I_n(\tau_n a)\big]$$

$$y_n = K_n(\tau_n a) + (-1)^n \sum_l S_{l-n}(\tau_n, \boldsymbol{k_i})I_l(\tau_n a) \tag{2-33}$$

$$z_n = K_n'(\tau_n a) + (-1)^n \sum_l S_{l-n}(\tau_n, \boldsymbol{k_i})I_l'(\tau_n a)$$

注意到这三个中间变量之间存在一个关系

$$x_n = I_n'(\tau_n a)y_n - I_n(\tau_n a)z_n \tag{2-34}$$

这里利用了虚宗量 Bessel 函数之间的 Wronskian 关系式。

将这四个系数代入各场分量表达式,就可以得到各场分量,进而可以得到螺旋带表面的平行于带面方向的电场 $E_\parallel(a)$,它与 E_ϕ 和 E_z 的关系为

$$E_\parallel(a) = E_\phi\cos\psi + E_z\sin\psi \tag{2-35}$$

将各场分量和系数代入式(2-35)时,我们选用 1 区的场分量和系数表达式,实际上选用 1 区或 2 区是等价的。

$$E_\parallel(a) = \cos\psi \sum_n \left[\frac{\beta_n n}{a}A_n I_n(\tau_n a) - i\omega\mu\tau_n B_n I_n'(\tau_n a)\right]e^{-in\phi}e^{i\beta_n z} +$$

$$\sin\psi \sum_n -\tau_n^2 A_n I_n(\tau_n a)e^{-in\phi}e^{i\beta_n z} \tag{2-36}$$

经过一些简化的操作,螺旋带表面的平行于带面方向的电场 $E_\parallel(a)$,式(2-36)就可以写成

$$E_{\parallel}(a) = \frac{\sin^2 \psi}{i \omega \varepsilon a} \sum_n \frac{1}{x_n \tau_n a} \left[\left(\tau_n^2 a^2 - 2na\beta_n \cot \psi + \right. \right.$$

$$\left. \left. \frac{n^2 \beta_n^2}{\tau_n^2} \cot^2 \psi \right) y_n I_n(\tau_n a) + k^2 a^2 \cot^2 \psi z_n I_n'(\tau_n a) \right] J R_n e^{-in\phi} e^{i\beta_n z}$$

$$(2-37)$$

由于前面的电流分布是近似的,故 $E_{\parallel}(a)$ 不可能处处为零,应用螺旋带中线上 $E_{\parallel}(a)$ 为零的近似边界条件,$E_{\parallel}(a, \phi, p\phi/2\pi) = 0$,即可得到金属螺旋阵列的本征方程

$$\sum_n \left[\left(k_z^2 a^2 - k^2 a^2 + \frac{n^2 k^2}{\tau_n^2} \cot^2 \psi \right) y_n I_n(\tau_n a) + \right.$$

$$\left. k^2 a^2 \cot^2 \psi z_n I_n'(\tau_n a) \right] \frac{R_n}{x_n \tau_n} = 0 \qquad (2-38)$$

可以看到式(2-38)与式(2-14)形式很相近,事实上,如果将 x_n, y_n, z_n 中含有 Lattice Sum 即阵列信息的部分去掉,二者就完全相同,也就是螺旋带阵列退化为单根螺旋带,这一点在各待定系数的表达式中也可以看到。

注意到本征方程式(2-38)中存在的三个中间变量 x_n, y_n, z_n 中含有 Lattice Sum 的成分,而 Lattice Sum 是一个关于 Bessel 函数的无限求和。一直以来,传统的多重散射法中对于 Lattice Sum 的求解就是解决问题的关键和难点,现在的问题中也是如此,因此我们就针对求解 Lattice Sum 做一些分析。在求解本征方程式(2-38)时,我们需要计算的 Lattice Sum 定义式为

$$S_l(\tau, \boldsymbol{k}_i) = \sum_{p \neq 0} K_l(\tau R_p) e^{il\varphi_p} e^{i\boldsymbol{k}_i \cdot \boldsymbol{R}_p} \qquad (2-39)$$

在计算快波模式时,由于切向波矢为实数,抛开引入的其他系数,需要求解的 Lattice Sum 的定义式是

$$\widetilde{S}_l(T, \boldsymbol{k}_i) = \sum_{p \neq 0} H_l^{(1)}(TR_p) e^{il\varphi_p} e^{i\boldsymbol{k}_i \cdot \boldsymbol{R}_p} \qquad (2-40)$$

其中,R,φ是前面定义的二维周期格子各格点在极坐标系下的坐标,这是一个关于 Hankel 函数的无限求和,收敛很慢,因而需要考虑它的一个收敛表达式。将 Lattice Sum 分解为关于 Bessel 函数和 Neumann 函数的两部分来求解,$\widetilde{S}_l(T, \boldsymbol{k}_i) = \widetilde{S}_l^J(T, \boldsymbol{k}_i) + i\widetilde{S}_l^N(T, \boldsymbol{k}_i)$,其中

$$\widetilde{S}_l^J(T, \boldsymbol{k}_i) = \sum_{p \neq 0} J_l(TR_p) e^{il\varphi_p} e^{i\boldsymbol{k}_i \cdot \boldsymbol{R}_p} \qquad \widetilde{S}_l^N(T, \boldsymbol{k}_i)$$
$$= \sum_{p \neq 0} N_l(TR_p) e^{il\varphi_p} e^{i\boldsymbol{k}_i \cdot \boldsymbol{R}_p}$$

由阵列的对称性可以得到 $\widetilde{S}_l^J(T, \boldsymbol{k}_i)$ 的一个性质是 $\widetilde{S}_l^J(T, \boldsymbol{k}_i) = -\delta_{l,0}$。这样求解 $\widetilde{S}_l^N(T, \boldsymbol{k}_i)$ 就成为解决问题的关键了。$\widetilde{S}_l^N(T, \boldsymbol{k}_i)$ 是关于 Neumann 函数的无限求和,收敛很慢,这是因为任意阶的 Neumann 函数都是一个振荡函数。

对于 $\widetilde{S}_l^N(T, \boldsymbol{k}_i)$ 的求解一般是采用1994 年 S. K. Chin 等人给出的绝对收敛的表达式[97]

$$\widetilde{S}_l^N(T, \boldsymbol{k}_i) J_{l+1}(T) = -\left[N_m(T) + \frac{2}{\pi T}\right]\delta_{l,0} -$$
$$\frac{4Ti^l}{\Omega} \sum_h \frac{J_{l+1}(Q_h)}{Q_h(Q_h^2 - T^2)} e^{-il\theta_h} \qquad (2-41)$$

以及加速收敛的表达式

$$\widetilde{S}_l^N(T, \boldsymbol{k}_i) J_{l+m}(T)$$
$$= -\left[N_m(T) + \frac{1}{\pi} \sum_{n=1}^m \frac{(m-n)!}{(n-1)!}\left(\frac{2}{T}\right)^{m-2n+2}\right]\delta_{l,0} -$$
$$\frac{4i^l}{\Omega} \sum_h \left(\frac{T}{Q_h}\right)^m \frac{J_{l+m}(Q_h)}{Q_h^2 - T^2} e^{-il\theta_h} \qquad (2-42)$$

其中 $\boldsymbol{Q}_h = \boldsymbol{K}_h + \boldsymbol{k}_i$,$\theta_h = \arg(\boldsymbol{Q}_h)$ 为准周期格子。

传统的多重散射法中考虑的是传播模式的场,场分量都是用 Bessel 函数来表示,而我们求解的问题中,场是倏逝波,波矢是虚数的情况,也就是上面的 Hankel 函数自变量为虚数的情况。对于这种问题,过去有工作给出过解决方法,就是直接在式中将 Bessel 函数转为虚宗量 Bessel 函数得到的表达式。

$$\widetilde{S}_l(\tau, \, \pmb{k}_i) I_{l+1}(\tau) = \left[K_1(\tau) + \frac{1}{\tau} \right] \delta_{l, \, 0} +$$

$$\frac{2\pi\tau}{\Omega} i^l \sum_h \frac{J_{l+1}(\pmb{Q}_h)}{\pmb{Q}_h (\pmb{Q}_h^2 + k_\perp^2)} e^{-il\theta_h} \qquad (2-43)$$

用式(2-43)来计算波矢为虚数情况下的 Lattice Sum 是正确的,但事实上这种做法是不必要的,而且在一些情况下是不适用的。对于光锥下方的本征方程中存在的 Lattice Sum,其定义式是式(2-39),可以直观地看到,这是关于虚宗量 Bessel 函数 $K_n(x)$,在二维周期格子上的无限求和。对于这样的一个求和,需要注意其自身的一些性质。

首先,虚宗量 Bessel 函数 $K_n(x)$对于正负阶数,存在 $K_n(x) = K_{-n}(x)$的关系,所以对于负阶数的讨论和正阶数情况相同。

由图 2-7 可以看到,虚宗量 Bessel 函数 $K_n(x)$对于任意阶数都是一个单调递减的函数,且呈指数下降趋势,这一点也可以由 x 较大情况下的渐进式

$$\lim_{\delta x \to 0} K_n(x) = \sqrt{\frac{\pi}{2x}} e^{-x}$$

定性得到。

在自变量比较大的时候虚宗量 Bessel 函数 $K_n(x)$迅速衰减到一个极小的值,可以想到,对于 Lattice Sum 这个在阵列上的无穷求和,距离中心较远的各点对于求和的贡献就非常小了,因此仅需要在中心外有限个格点上求和就可以得到相当精确的数值。

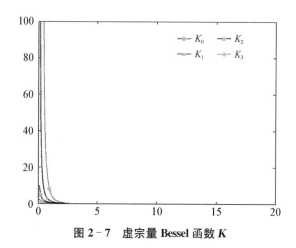

图 2-7　虚宗量 Bessel 函数 K

在图 2-8 中,我们给出利用传统方法和直接按定义式计算晶格常数 $d=1$,正入射情况下 $\tau=7$ 情况下的 Lattice Sum 的数值,这一数值对应在我们求解螺旋带阵列时比较重视的区域。横坐标为两种计算方法所计算的正格点或倒格点数目。可以看到利用定义式直接计算 Lattice Sum 收敛更快。应当注意到的是在自变量比较小的时候,二者的收敛性能相差不大,但在大多数情况下,直接计算收敛性能更好,有利于提高计算精度,节省时间,这里我们选用直接计算的方法。

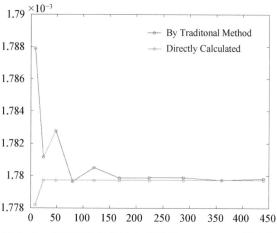

图 2-8　直接计算与传统方法计算 Lattice Sum 的比较

2.3　金属螺旋线阵列的能带结构特性

在上一节中,我们基于金属螺旋线的螺旋带理论模型和多重散射法给出了金属螺旋线阵列的能带理论,得到了金属螺旋阵列的各场分量表达式、本征方程,以及其中表征阵列信息的 Lattice Sum 的计算方法。这里我们就依据这一理论对金属螺旋线阵列的能带结构进行分析。

首先是根据本征方程式(2-38)得到的轴向的能带结构,这里的结果是使用 Matlab 7.0.1 软件自行编程计算得到。计算的螺旋阵列结构参数是螺距 $p=4$ mm、螺旋线的直径 $\delta=0.6$ mm、螺旋半径 $a=3$ mm,正方格子晶格常数 $d=11$ mm。计算中对 Lattice Sum 截断求和时,对于慢波我们在正空间计算 441 个正格点,对于快波我们在倒空间中计算了 201×201 个倒格点。在图 2-9 中给出了我们比较关心的区域,频率 0~25 GHz 的能带结构,其中各支能带都带有自己的下标,下标中的数字代表模式中主导的空间谐波的阶数,下标中的 S 和 F 分别表示模式位于光锥下方(慢波解)和光

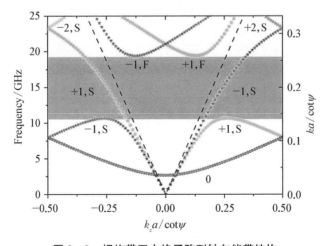

图 2-9　螺旋带正方格子阵列轴向能带结构

锥上方(含一阶快波模式的解)。

为验证我们发展的理论和计算的精度,我们将计算结果与使用基于时域有限差分法(FDTD)的 CST Microwave Studio® 5 对同样的结构进行数值仿真计算的能带结构做对比。

从图 2 - 10 中与 CST Microwave Studio® 5 的结果对比来看,我们发展的理论的计算结果与数值仿真结果符合的很好。图 2 - 10 中还存在一些误差的原因有两个:一是在使用 CST Microwave Studio® 5 进行数值仿真时,在建模过程中所画出的模型为真实螺旋线,并不是我们使用的近似模型中的无穷薄的金属螺旋带,这势必会对计算结果带来影响,具体体现在较低频段内,理论计算与数值模拟的结果之间存在一个很小的误差;二是由于螺旋带模型将真实金属螺旋线简化为无限薄的金属带,忽略了金属螺旋线自身的厚度,在较高频段内已经不能很好地描述真实螺旋线,这是模型自身带来的系统误差,具体体现在对应图 2 - 9 中(+2, S)阶模式的色散曲线与数值模拟有约 5%的误差,但仍能够较为准确的描述真实系统的性质。总体来看,我们发展的理论很好地描述了真实螺旋线阵列的物理机制,给出的计算结果也比较准确,这一点在后面的实验工作中得到了很好的印证。

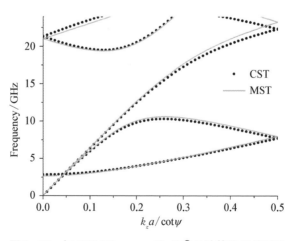

图 2 - 10　与 CST Microwave Studio® 5 计算结果的对比

2.3.1 本征模式分析

金属螺旋线阵列的电磁手性可以通过其所支持的电磁模式偏振特性得到反映。这里我们通过各支模式场分布对应的 $|\langle E_z \rangle| / |\langle E_x \rangle|$，$|\langle E_z \rangle| / |\langle E_y \rangle|$ 和 $AR = \langle E_x \rangle k_z / \langle i E_y \rangle |k_z|$ 三个比率来分析图 2-9 中轴向各支模式的极化特性，其中 $\langle \cdots \rangle$ 表示在整个原胞内做空间积分。比率 $AR = \langle E_x \rangle k_z / \langle i E_y \rangle |k_z|$ 描述的是模式横向场分量之间的关系，特别有 $AR = 1$ 和 $AR = -1$ 分别对应左旋和右旋的圆偏振模式。比率 $|\langle E_z \rangle| / |\langle E_x \rangle|$，$|\langle E_z \rangle| / |\langle E_y \rangle|$ 是分析模式是横电磁波还是导行波模式。后面的图中，给出的是使用我们发展的理论计算的结果，也使用数值仿真软件进行了同样的计算，二者结果一致。

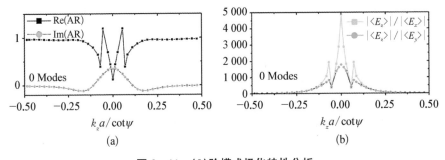

图 2-11 (0)阶模式极化特性分析

由图 2-11 对(0)阶模式(图 2-9 中圆点)的极化特性分析可以看出，这一支模式随着波矢 k_z 的增大会逐渐具有左旋圆偏振的性质，但(0)阶模式的电场与磁场分量都主要集中在 z 方向，即电磁波传播的方向，而且在布里渊区(Brillouin Zone)的中心基本是一个纯纵波模式。这一点我们也通过数值仿真进行了模拟，如图 2-12 所示，电场和磁场基本与波矢方向平行。

这个模式是比较奇特的，我们在后面的能带分析和轴向透射的实验研究中还会再进行讨论。

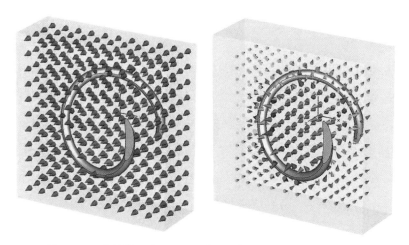

图 2 - 12　布里渊区中心(0)阶模式的电场(左)和磁场(右)分布
(CST Microwave Studio 5® 模拟结果)

图 2 - 13 和图 2 - 14 中给出了 $(+1,S)$ 和 $(+1,F)$ (图 2 - 9 中方块)两阶模式的极化特性,可以看到在 $k_z>0$ 时,$(+1,S)$ 和 $(+1,F)$ 阶模式为一个理想的右旋圆偏振模式,在 $k_z<0$ 时为理想的左旋圆偏振模式。$(+1,S)$ 阶模式在其群速度小于零的范围内,z 方向(轴向)的场分量渐渐增大,这是由于 $(+1,S)$ 阶模式是(0)阶模式在第一布里渊区折叠过来的,从两者轴比数值的连续上也侧面印证了我们的理论。

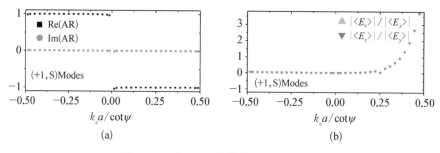

图 2 - 13　$(+1,S)$ 阶模式极化特性分析

图 2 - 15 和图 2 - 16 中给出了 $(-1,S)$ 和 $(-1,F)$ (图 2 - 9 中星星)两阶模式的极化特性,可以看到在 $k_z>0$ 时,$(-1,S)$ 和 $(-1,F)$ 阶模式

为一个理想的左旋圆偏振模式,在 $k_z < 0$ 时为理想的右旋圆偏振模式,恰好与(+1,S)和(+1,F)阶模式相反。从各支本征模式的极化特性分析中,我们已经得知其中各支模式一般都具有圆偏振特性,这一点实际上在我们前面的理论中已经有所体现,在能带理论的场分布表达式(2－25)和式(2－26)中,径向和角度方向的场分量之间天然地存在 $\pm\pi/2$ 的相位差。

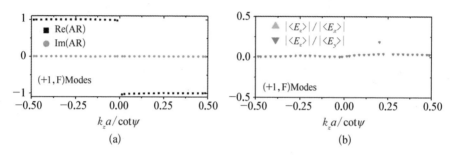

图 2－14　(+1,F)阶模式极化特性分析

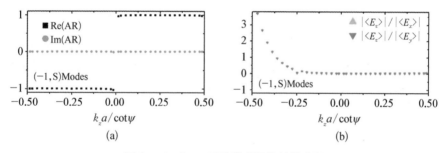

图 2－15　(-1,S)阶模式极化特性分析

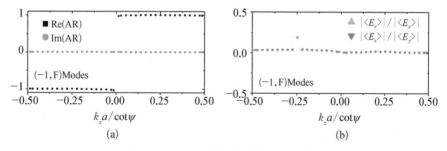

图 2－16　(-1,F)阶模式极化特性分析

2.3.2　极化禁带

上一小节中,我们对金属螺旋线阵列轴向各支能带的极化特性进行了分析,发现其中存在很奇特的电场和磁场均主要集中在传播方向上的纵电磁波模式,还存在理想的左旋和右旋圆偏振模式。一个很重要的性质就是,金属螺旋线阵列在轴向存在一个很宽的极化禁带,仅允许与结构手性相反的圆偏振电磁波通过。具体地说(这里讨论 $k_z > 0$ 的区域, $k_z < 0$ 的情况相同),在图 2-9 中由于(+1,S)和(+1,F)阶模式均为右旋圆偏振模式,而(-1,S)阶为左旋圆偏振模式,因而在图中阴影部分的频段 10.6~19.4 GHz 内,金属螺旋线阵列仅支持左旋圆偏振电磁波通过。注意,这是我们讨论的右旋金属螺旋线系统的结果,对于左旋金属螺旋线阵列构成的系统就相应的存在一个仅允许右旋圆偏振电磁波通过的极化禁带。关于螺旋结构存在极化禁带的性质,我们在前文中曾介绍过 J. C. W. Lee 和 C. T. Chan 等人 2005 年对介质螺旋光子晶体的研究工作中也发现过类似的性质[47];在 2009 年 Martin Wegener 教授的研究小组在太赫兹波段,使用金属金制造的螺旋线阵列中也给出了实验上的验证[67,75,79]。

对于极化禁带产生的机制,我们也进行了一些讨论。极化禁带的上下边界由(+1,S)和(+1,F)两阶模式群速度为零的点所确定,其中(+1,S)阶模式是由金属螺旋线上的背散射的导行波模式和自由空间中电磁波模式耦合产生的,因而这一模式受螺旋线阵列之间的散射影响不大,主要由单根螺旋线自身的结构参数所决定;(+1,F)阶模式是由金属螺旋线上的辐射波模式(螺旋天线轴向模式)和自由空间中电磁波模式耦合而产生的,这一模式对螺旋间的散射十分敏感。因而可以想见极化禁带的下沿主要由阵列中金属螺旋线的结构参数(螺距 p 和螺旋半径 a)决定,而下沿主要由阵列的参数决定(晶格常数 d)。

如图 2-17 所示,我们计算了螺距 $p = 4$ mm、螺旋线的直径 $\delta =$

0.6 mm、螺旋半径 $a=3$ mm 的金属螺旋线按晶格常数 $d=8$ mm、$d=$ 11 mm 和 $d=20$ mm 排布的正方阵列的能带结构。可以很直观地发现,极化禁带的上沿在阵列晶格常数改变的情况下,变化很剧烈,而下沿变化不大。通过这一计算,还可以看到(0)阶模式源自行波管中的基模,这支模式在阵列中受到螺旋线间散射的影响被抬高,如果阵列晶格常数提高到无穷大,则其在布里渊区中心纯纵波模式的点的频率将降低到零。

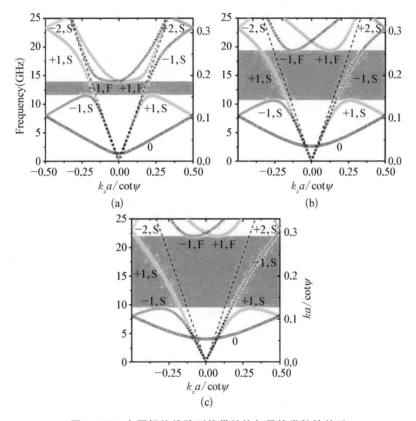

图 2‐17　金属螺旋线阵列能带结构与晶格常数的关系

此外,可以发现(0)与(+1,S)阶模式(−1,S)与(+2,S)阶模式在布里渊区边界上都存在能带交叉,简并于一点。这实际上是由于各阶模式在角相位因子上存在的一个 $\Delta k=2\pi/p$ 的差所决定的,这一点可以在上一节理论中各场分量表达式(2-17)中看出。这一性质是螺旋带就具备的,从螺旋带能带图2-5中就可以看出。在图2-18中我们给出了螺旋带能带近似解与图2-17中三个晶格常数金属螺旋线阵列能带图的对比,可以看到(0)与(+1,S)阶模式(-1,S)与(+2,S)阶模式在布里渊区边界上的简并点,与晶格常数基本无关,主要由单根金属螺旋线决定。对于这一点我们从能带理论出发,发现这两个简并点的频率可由

$$f_{0,1} \simeq \left[\frac{c^2 I_0(\tau_0 a) K_0(\tau_0 a)}{16\pi^2 a^2 I_1(\tau_0 a) K_1(\tau_0 a) - 4p^2 I_0(\tau_0 a) K_0(\tau_0 a)} \right]^{\frac{1}{2}}$$

$$f_{1,2} \simeq \left[\frac{9c^2 I_0(\tau_1 a) K_0(\tau_1 a)}{16\pi^2 a^2 I_1(\tau_1 a) K_1(\tau_1 a) - 4p^2 I_0(\tau_1 a) K_0(\tau_1 a)} \right]^{\frac{1}{2}}$$

确定,约为三倍关系。

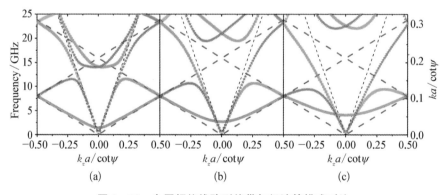

图 2-18　金属螺旋线阵列能带与行波管模式对比

2.3.3　金属螺旋线阵列实现负折射

在图2-9的金属螺旋线阵列的轴向能带中,我们看到光锥上方的(+1,F)和(-1,F)两阶模式的色散曲线与我们在前文中介绍过在2004年J. B. Pendry预言的在手征介质中引入一个电谐振的结果[38](图1-8)很相似,存在群速度和相速度反向的区域,即存在负折射现象。除此之外,在

光锥下方的$(+1,S)$和$(-1,S)$两阶模式上也存在群速度和相速度反向的区域,这一点是过去关于手征材料或结构的理论和实验研究中未见报道的,在这个区域中也可能实现负折射。

对于光锥上下方都存在群速度和相速度反向的区域,可能存在负折射的现象的特性,我们尝试通过系统旁轴方向上的能带结构来绘出等频率面(Equal Frequency Surface,EFS),进行进一步的分析。这里的计算同样是在 Matlab 7.0.1 上自行编程计算得到的。计算的螺旋阵列的结构参数与图 2-9 略有区别,这是出于我们现实实验条件的考虑,具体是螺距 $p=4.4$ mm、螺旋线的直径 $\delta=0.8$ mm、螺旋半径 $a=3.3$ mm,正方格子晶格常数 $d=11$ mm。参数虽有一点改变,但基本是等比例放大,结果也是基本相同的。计算结果表明光锥上下都可以实现负折射。由于光锥下方的负折射在以前的工作中都未见诸报道,这里我们分析光锥下方的这一支,即$(\pm 1,S)$阶模式上的负折射现象。

这里计算的光锥下方的$(\pm 1,S)$阶的模式的等频率面,限定在简约布里渊区内,考虑到系统在 x 和 y 方向上的等价,因而计算的方法就是计算给定 k_x 情况下轴向的能带结构,由此得到等频率面,图中等频率线的单位是 GHz。

仔细观察图 2-19 可以发现,以 yOz 面为分界面斜入射到手征特异材料可以产生负折射现象,但由于这些$(+1,S)$阶的模式是位于光锥下方的,

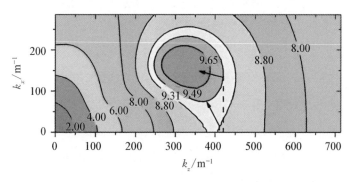

图 2-19　光锥下方$(+1,S)$阶模式等频率面

其轴向波矢长度要大于自由空间中的波矢长度，也就是说从空气中以任何角度入射的平面波都无法激励出这些模式，因而也就不可能观察到负折射现象。如果要激励出$(+1,S)$阶模式，观测负折射现象，就要将光锥降低，使入射波可以与这些模式耦合，最直接易行的方法就是提高入射介质的折射率。我们考虑使用相对介电常数为 8.9 的三氧化二铝陶瓷材料作为入射介质。如图 2-19 中所示，以 45°角入射的平面波就可以耦合到这些模式上了。图中两条黑色虚线标定了自 Al_2O_3 中以 45°角入射的轴向波矢长度，理论计算发现在 9.3 GHz 到 9.5 GHz 的频段内激发出负折射现象，相应的折射角从 $-20° \sim -75°$。

我们发现在金属螺旋线阵列中存在许多奇特的电磁性质。首先，沿轴向的电磁模式为左旋、右旋以及纵模式，极化禁带内仅允许与结构手性相反的圆偏振电磁波通过，光锥上下两侧均存在的负折射现象。为研究这些现象与螺旋对称性之间的联系，我们做了一个对比计算。计算的系统为一个离散的手征系统（图 2-20），是由前面讨论的负折射的金属螺旋线阵列改造得到的，结构参数为螺距 $p=4.4$ mm、螺旋线的直径 $\delta=0.8$ mm、螺旋半径 $a=3.3$ mm，正方格子晶格常数 $d=11$ mm，具体就是在金属螺旋线上每个螺距间隔地加入一个 0.4 mm 的空气隙，这样就将一根连续的金属螺旋线截断为一个个有限长的金属螺旋。从图 2-20(d)中离散手征系统能带图可以看出，与连续结构相比，其中已经不存在布里渊区边界上的能带交叉简并，也没有了光锥下方群速度相速度反向的能带。更进一步的研究发现，离散手征系统中支持的电磁波模式也不是圆偏振模式，而是一些椭圆模式。这些都是破坏了螺旋对称性式(2-10)的结果。

对离散系统能带（图 2-20(d)）中最低的三支模式的极化特性，我们用于前面分析金属螺旋线阵列各支模式极化特性相同的方法进行了分析，即给出 $|\langle E_z \rangle| / |\langle E_x \rangle|$，$|\langle E_z \rangle| / |\langle E_y \rangle|$ 和 $\mathbf{AR} = \langle E_x \rangle k_z / \langle iE_y \rangle |k_z|$，分析的结果在图 2-21 中给出。

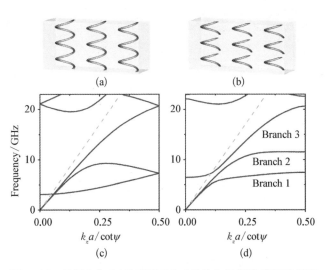

图2-20　连续(a),(c)和离散(b),(d)的金属螺旋线模型能带

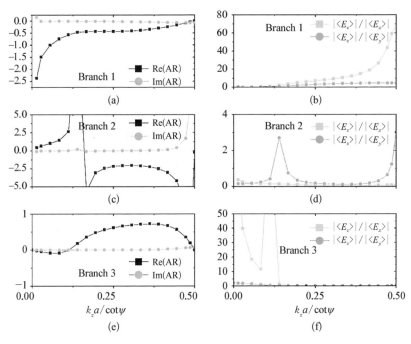

图 2-21　离散手征系统最低三支能带的极化特性

由图 2-21 可以看出,最低的一支能带为右旋椭圆偏振模式,另外两支为左椭圆或右椭圆模式,连续的金属螺旋线阵列里布里渊区中心处的理想纵波模式在离散系统中也不存在。

2.4 本 章 小 结

本章主要从解析理论的角度发展了金属螺旋线阵列的能带理论计算方法,并利用该方法对于能带和模式特性进行了分析。

区别于低对称性谐振单元阵列平面结构层叠构成的离散型手征特异材料,金属螺旋线三维手征特异材料具有连续螺旋对称性。我们利用金属螺旋线周期性阵列的独特几何特性,将螺旋带行波管模型和二维阵列多重散射法相结合成功发展了一套解析计算方法来分析金属螺旋线阵列体系,并对计算中涉及的 Lattice Sum 计算收敛性进行了讨论。对于我们发展的解析方法的精确度,通过 FDTD 数值模拟进行了验证。

根据我们发展的理论,计算了金属螺旋线轴向的能带结构,并以此作为依据对系统内电磁输运特性进行了详细的分析,发现系统中存在纵电磁波模式、圆偏振光极化禁带、布里渊区边界能带简并、光锥上下方都存在的负折射区域等奇特现象。对圆偏振极化禁带,发现其能带上下沿分别源于螺旋线的导波和辐射模式,分别主要由阵列间的散射和局域谐振所决定,可通过调节晶格常数改变禁带的宽度;对于比较特别的光锥下方的群速度相速度反向区域,通过解析计算 $(+1, S)$ 阶模式 xoz 面上的等频率面进行分析,发现在 $9.3 \sim 9.5 \, \mathrm{GHz}$ 的频段内,以 $45°$ 的入射角,从介电常数为 8.9 的三氧化二铝陶瓷中入射可激发出负折射现象,相应的折射角在 $-20° \sim -75°$ 的范围内。还通过一个离散手征系统与具有连续螺旋对称性系统的金属螺旋线阵列之间能带结构与本征模式极化特性的对比分析中,证明金属螺旋线阵列中的种种奇特电磁性质都是与其独特连续螺旋对称性密切相关的。

第3章
金属螺旋线阵列轴向电磁波输运特性

3.1 概 述

在第 2 章中,我们介绍了结合行波管理论与多重散射法的金属螺旋线周期阵列能带理论。从本征模式的分析中,我们发现在金属螺旋线的轴向上存在左旋、右旋圆偏振模式和纵电磁波模式。结合轴向能带进行分析,我们发现轴向存在一个很宽频段的极化禁带,其中仅允许与金属螺旋线手性相反的电磁波通过,这就使得金属螺旋线阵列可以作为宽带圆偏振极化器使用。并且在我们发展金属螺旋线阵列的理论期间,在 2009 年德国卡尔斯鲁厄大学 Martin Wegener 教授小组在太赫兹波段使用金属金制备的螺旋线阵列中验证了这一性质[67,79]。

对于金属螺旋线阵列在轴向上的各种性质,我们设计并制备了样品进行实验上的研究。对于极化禁带进行了实验上的验证,并且对金属螺旋线阵列轴向电磁波输运与入射波偏振态的依赖关系进行了分析;对于金属螺旋线阵列中的纵电磁波模式,也进行了分析并从实验上进行了观测。

3.2　样品制备与实验环境

在第 2 章讨论手征特异材料特性时,我们讨论、分析的是在微波波段的,利用金属螺旋线排列成的正方格子阵列中的问题。在微波波段大多数金属都可视为理想的金属,即 PEC(Perfect Electric Conductor),在制作金属螺旋线时我们选择的材料是磷铜,也称锡磷青铜,是一种合金铜,具有良好的导电性能,可以满足我们的要求。另外就是要将金属螺旋线排列成正方格子的周期阵列,在实验中我们选择了硬质聚氨酯泡沫制作骨架,再将金属螺旋线排布进去的方式,这是考虑到聚氨酯泡沫易于加工、定型效果好的特点,更为重要的是,在微波波段,聚氨酯泡沫的介电常数和折射率都非常接近 1,而且损耗也非常小,几乎可以视为空气,使得聚氨酯泡沫成为构造样品骨架的理想材料。

根据要测定轴向透射率实验的要求,我们设计制作了样品。轴向透射率实验的样品如图 3-1 所示,其中使用的金属螺旋线结构参数与上一章计算轴向能带图 2-9 时使用的参数相同,为右旋螺旋线、螺距 $p=4$ mm、螺旋线的直径 $\delta=0.6$ mm、螺旋半径 $a=3$ mm,螺旋线长度为 60 mm,轴向有 15 个周期,正方格子晶格常数 $d=11$ mm,整板的尺寸是 1.2 m×1.2 m×60 mm,共有 92×92 根金属螺旋线构成,制作大尺寸样品主要是考虑到,大尺寸的样品在实验中可以避免因喇叭天线方向性不好,电磁波绕射所造成的误差,整个样品用铝制支架支撑,实验中固定于转台上,在两侧放置喇叭天线测量。

在测量方面,全部实验是在我们搭建的微波暗室中完成的,如图 3-2 所示,其中使用的吸波材料是切割成四棱锥形的碳浸渍的聚氨酯泡沫,在400 MHz 到 26 GHz 的范围内可以保证—45 dB 的最小反射率,这为实验提供了良好的条件。

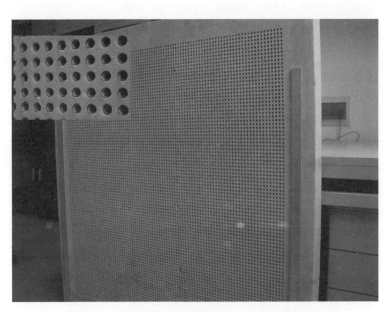

图 3 - 1　轴向透射率实验样品,插图为样品局部

图 3 - 2　微波暗室

需要测量的是轴向透射率,而手征材料的本征模式是左旋和右旋圆偏振,在测量中我们使用的是由西安恒达微波技术开发公司生产的线偏振和双圆偏振喇叭天线。如图 3-3 所示,为覆盖轴向透射实验所需测量的整个频带,我们使用了工作频段为 3.95～5.85 GHz、5.8～8.2 GHz、8.2～12.4 GHz、12.4～18.2 GHz 四组双圆偏振喇叭天线和对应频段的高增益线偏振喇叭天线。

图 3-3　实验中使用的线极化和圆极化喇叭天线

3.3　极化禁带中电磁波输运特性

轴向透射实验装置如图 3-4 所示,样品放置于发射和接收天线之间,并用激光定位仪定位,使两个天线端面正对,样品中心位于两天线中心连线上,并保证正入射到样品界面上。实验共分两组进行,第一组实验中使用线偏振喇叭天线作为发射天线,以圆偏振天线接收;第二组实验中发射和接收天线都使用圆偏振天线。每组实验中都分别对两个偏振分四个频

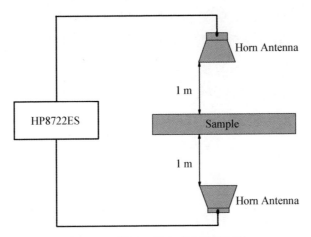

图 3-4　轴向透射实验装置示意图

段进行。信号的采集和分析采用 Agilent 8722ES 矢量网络分析仪进行,整个实验在微波暗室中进行。

在发射和接收天线都使用圆偏振天线的实验中,如图 3-5 所示,我们在 10.2~20.2 GHz 的频段范围上测量到非常明显的仅允许左旋圆偏振电磁波通过的极化禁带,这与能带计算和 FDTD 数值模拟所预期的禁带位置符合的非常好。

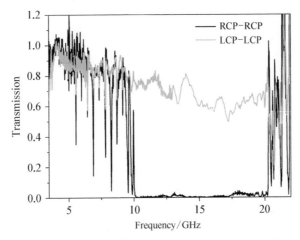

图 3-5　轴向透射测量结果,发射和接收天线均为圆极化天线

　　从图 3-5 中也可以看到,在极化禁带下方,透过谱上存在跳变的现象,这些跳变点出现的频率和 FDTD 模拟结果也符合的很好,这实际上与极化禁带下方的(0)阶模式有关,在下一节中会详细讨论。图 3-5 中给出的是使用同种手性圆偏振天线做发射和接收天线测量的样品透过率。此外,我们在实验中也使用相反手性的圆偏振天线分别做发射和接收天线测量样品透过率。实验结果发现,仅在图 3-5 中透过率跳变点上有一定的透过,其余频段内透过为零,也就是说在其他频段内并不存在左右旋圆偏振之间的极化转换现象。

　　在由线极化天线发射,圆极化天线接收的第二组实验中,我们发现了一个有趣的现象,在线偏振电磁波入射的情况下,系统圆偏振极化禁带中的透过与入射线偏振波的偏振方向有关。为讨论的方便,这里我们首先对结构的取向进行定义,如图 3-6 所示,我们规定螺旋线的轴向为 z 方向,定义螺旋线的起点(z 方向坐标最小点)y 坐标为零,即在 xOz 面上。

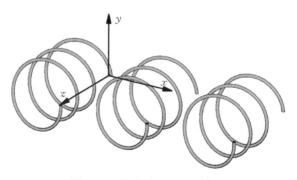

图 3-6　螺旋阵列结构示意图

　　实验中我们测试了偏振方向在 x 和 y 方向的线偏振电磁波沿 z 轴正方向入射的情况(本章后面的讨论中如无特殊说明均符合这些设定),测试结果如图 3-7(c)、(d)所示,我们同样也在 $10.2\sim20.2\,\mathrm{GHz}$ 的频段上测量到极化禁带,可以发现,对于禁带出现的位置和透过率,实验结果和 FDTD 数值模拟所预期的结果图 3-7(a)、(b)都符合得非常好。

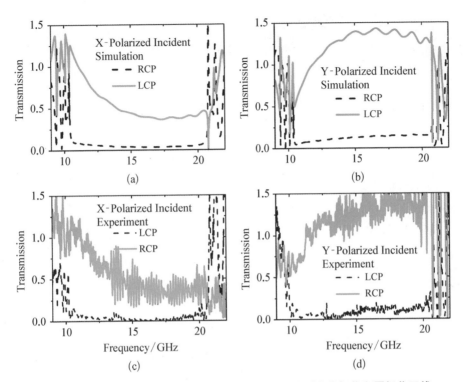

图 3 - 7　轴向透射实验测量结果,发射和接收天线分别为线极化和圆极化天线

这里我们可以很明确地看到,虽然极化禁带内金属螺旋线阵列仅允许与结构手性相反的圆偏振电磁波通过,但在使用线偏振光入射的情况下,不同偏振的线偏振波入射,透过率可以有很大的差别,这一性质在前人的工作中[67,79]未见诸报道。对于这一现象我们又通过数值仿真进行了进一步的研究,首先是分析这一现象与螺旋线长度的关系。

如图 3 - 8 所示,对于不同整数周期长的金属螺旋线阵列,透过谱虽然有一些小的差别,但定性来看,相同的线偏振光入射的结果基本上是一致的,表现出对线偏振入射光偏振方向的相同依赖性。接着我们又对非整数周期长的金属螺旋线阵列进行了分析,结果如图 3 - 9 所示。

从图 3 - 9 中可以看到,在极化禁带内,非整数周期长金属螺旋线阵列的透过也存在对入射线偏振光偏振方向的依赖,在表现上与整数周期系统

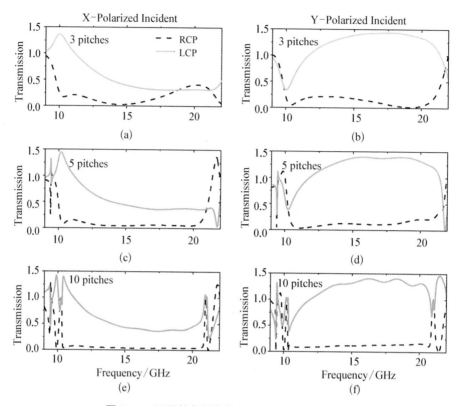

图 3-8　不同整数周期长螺旋线阵列的轴向透过

基本一致。这表明,系统在极化禁带中的透过特性与螺旋线的长度无关,仅取决于入射面结构的取向和相应的入射线偏振波偏振方向。这就带来一个很有趣的现象。如图 3-10 中 2.75 周期长的系统(9.75 周期系统与其几何特性相同),沿 z 轴正方向和负方向看到的结构相对的旋转了 90°角。因而对于这种结构,沿 z 轴负方向入射一个 x 方向偏振的线偏振电磁波,与 z 轴正方向入射一个 y 方向偏振的线偏振电磁波效果相同。参照图 3-9 中 9.75 周期长系统的透过谱,可以发现这一结构上存在现在相当热门的非对称的传输现象[51,80,107],正向和负向的透过率在极化禁带对应的频段内可以相差约 3 倍。

金属螺旋线阵列在线偏振电磁波入射下,透过特性与入射电磁波偏振

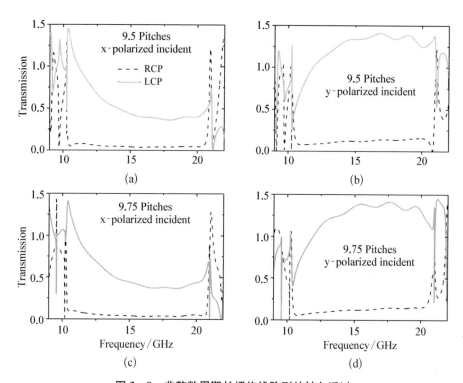

图 3-9　非整数周期长螺旋线阵列的轴向透过

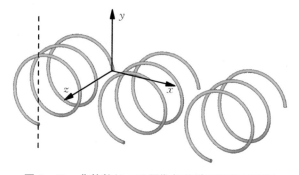

图 3-10　非整数(2.75)周期螺旋阵列结构示意图

方向相关的性质实际上是由于金属螺旋线阵列作为一个体材料存在一个各向异性的表面。表面波与外场的耦合也就是各向异性的,因而可以耦合到体材料内部的场强度就会有所不同,进而导致了传输特性依赖于入射线偏振电磁波偏振态的性质。

3.4　纵电磁波模式的实验观测

在轴向透过实验中我们发现,在极化禁带下方透过谱上存在一些跳变点,对于这一现象,我们结合理论分析、数值仿真和实验测试进行了分析。实验中我们用线偏振天线作为发射天线,圆偏振天线作为接收天线,样品结构参数与上一节中相同,实验结果如图3-11(c)、(d)所示。图3-11中,我们将 FDTD 数值模拟的结果(图3-11(a)、(b))和实验测量结果做一个对比,可以看到在 4~11 GHz 的频段内,透过谱上存在比较明显的跳变现象,且这些点出现的频率和数值模拟结果符合的也很好。

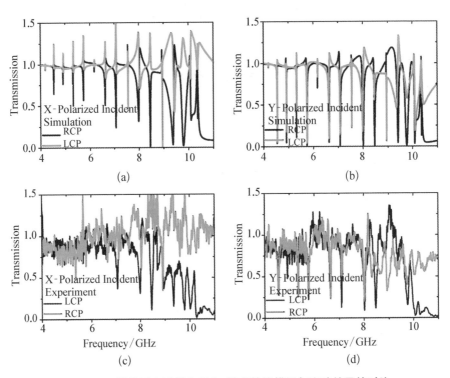

图 3-11　禁带下方透射率跳变,模式转换模拟与实验结果的对比

　　注意,这里实验的测量结果不是很理想的原因有两个方面:一、从数值模拟的偏振方向在 x 和 y 方向的线偏振电磁波入射的透过谱(图3-11(a)、(b))中可以看到,这些跳变点上的透过性质与入射电磁波的偏振方向关系密切,也就是说阵列中螺旋线的取向对实验结果影响很大。我们的样品是手工将金属螺旋线填入聚氨酯泡沫制作的骨架中,因而螺旋线的取向不是很一致,阵列中存在大量缺陷,导致测试结果不够理想;二、实际的聚氨酯泡沫也存在一定的折射率和吸收,这就导致一定的反射,其性质与理想阵列中设想的空气背景有一定的差距。

　　结合我们计算得到的系统能带,我们发现这些跳变点是由于(0)阶的纵波模式在金属螺旋线阵列中形成驻波所导致的,这里进行一些详细的说明。首先需要指出的是,在发生透过谱上跳变时,实际上在较高频段已经使用到拓展布里渊区中的(0)阶模式,其色散关系如图3-12所示。

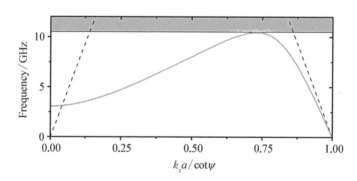

图3-12　(0)阶模式色散曲线(拓展布里渊区)

　　由于这些跳变点的出现是(0)阶模式形成驻波所导致的,因而虽然阵列中存在缺陷,但跳变点出现的频率与入射线偏振电磁波的偏振方向无关。在实验中还是很明确的观测到了这些透过谱上跳变点的存在,其出现的频率与数值模拟的结果对应的也很好,能够证明我们的发现。(0)阶纵电磁波模式是一个源于行波管中基模的导行波模式,其场分量主要集中于轴向,也就是传播方向上,与自由空间中的横电磁波模式之间的耦合很弱,因而我们讨论的系统在金属螺旋线两端的界面上基本可以视为这一模式的理想边界。在这种条件下,波在一个有限厚度 L 的腔中形成驻波的条件是

$$\frac{kL}{\pi} = n, \quad n = 1, 2, 3, \cdots \tag{3-1}$$

我们将透射谱中发生跳变点的频率相对应的(0)阶模式的波矢代入式(3-1)的左边,求得的数值列在表 3-1 中,可以看到求得的结果基本为整数,误差相当小,这就一定程度上验证了我们对这一现象提出的解释。

表 3-1 透过谱图 3-11 上发生跳变点频率 f 和
对应(0)阶模式的驻波判据(3-1)数值

$f/$GHz	3.103 5	3.207	3.375	3.603	3.874 5	4.188	4.536
kL/π	0.992 952	1.973 282	2.974 648	3.997 052	4.994 212	5.999 786	7.001 153
$f/$GHz	4.909 5	5.314 5	5.727	6.166 5	6.621	7.065	7.546 5
kL/π	8.002 52	9.023 241	10.013 67	11.030 18	12.050 06	13.028 71	14.072 15
$f/$GHz	7.987 5	8.463	8.94	9.376 5	9.787 5	10.113	10.369 5
kL/π	15.020 5	16.052 16	17.100 65	18.108 75	19.126 95	20.044 17	21.020 29

此外,我们使用数值仿真的方式对这一现象进行了进一步的分析验证。首先,既然透过谱上跳变的点是由(0)阶模式形成驻波引起的,那么当阵列的厚度改变时这些点的频率也会相应发生改变。图 3-13 中,我们给出使用数值方法计算的长度为 3、5 和 10 个周期的金属螺旋线构成的阵列的计算结果,同样给出了系统在偏振方向为 x 和 y 方向线偏振光入射的情况下的透过谱。

对比图 3-13 和图 3-11 中各个厚度的金属螺旋阵列的透过谱,可

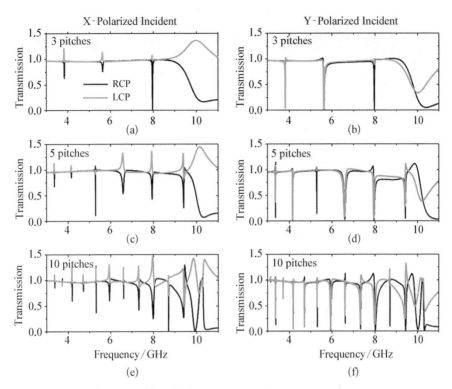

图 3-13　不同周期长度金属螺旋阵列极化禁带下方透过谱

以发现跳变点的个数与厚度成正比,且频率有所变化,这些都与驻波的性质相符合。与分析 15 个周期厚度的阵列的方法相同,我们也将图 3-13 中各结构透过谱中跳变点的频率与对应(0)阶模式驻波判据的数值列成表3-2,可以看到驻波判据给出的数值仍然基本为整数,与我们的分析相符。

表 3-2　厚度为 3、5 和 10 倍螺距阵列透过谱跳变点频率 *f* 与对应(0)阶模式驻波判据数值

3倍螺距	f/GHz	3.834	5.622	7.962				
	kL/π	1.008 7	2.028 764	3.110 013				
5倍螺距	f/GHz	3.369	4.155	5.28	6.564	7.929	9.406	10.335
	kL/π	1.000 752	2.004 363	3.036 568	4.051 616	5.061 804	6.160 63	7.091 043

续　表

			3.375	3.729	4.185	4.713	5.31	5.94
10倍螺距	f/GHz		3.375	3.729	4.185	4.713	5.31	5.94
	kL/π		1.992 704	3.001 739	4.012 466	5.014 173	6.037 301	7.040 7
	f/GHz	6.609	7.32	7.986	8.703	9.42	9.927	
	kL/π	8.055 372	9.098 23	10.056 53	11.099 39	12.181 71	13.066 73	

我们又通过 CST Microwave Studio® 5 对透过谱上各跳变点的场分布进行仿真,给出了更为直观的结果。如图 3-14 所示,我们计算了在 x 方向偏振的线偏振电磁波入射下 15 个周期长阵列频率 4.188 GHz 时的电场分布图,可以很清晰地看到存在六个波峰,这与表 3-1 中分析的结果相符合。

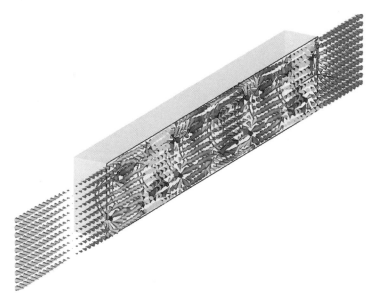

图 3-14　15 个周期长阵列在 x 方向偏振线偏振正入射,4.188 GHz 的电场分布(CST Microwave Studio 5® 模拟结果)

另外,我们也可以用比值 $|\langle E_z(z)\rangle|/|\langle E_t(z)\rangle|$ 来表征(0)阶模式的驻波场分布,其中 $\langle\cdots\rangle$ 表示在垂直与轴向(z 方向)各横截面上的空间积分,

即归一到各横截面上切向电场的轴向电场强度。图 3 - 15 中给出了 15 个周期厚度的金属螺旋线阵列在 x 和 y 方向偏振的线偏振波正入射条件下，3.375 GHz 和 4.909 5 GHz 时 $|\langle E_z(z)\rangle| / |\langle E_t(z)\rangle|$ 的数值。可以看出，这里相应地形成了 3 阶和 8 阶驻波模式，这也和表 3 - 1 中分析的结果相符。

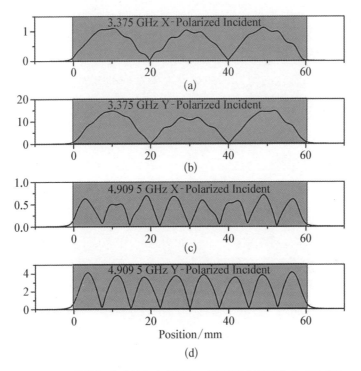

图 3 - 15　线偏振电磁波正入射下 15 周期厚度阵列在 3.375 GHz 和 4.909 5 GHz 的场分布

　　对于表 3 - 2 中其他厚度的金属螺旋线阵列，我们也进行了相同的计算。计算结果与表 3 - 2 中用驻波判据给出的结果，很好地印证了我们对于极化禁带下方透过谱上跳变现象的解释。这一结果证实了我们在金属螺旋线阵列能带理论中发现的纵电磁波模式的存在。

3.5　本　章　小　结

本章根据前文中金属螺旋线阵列能带理论在轴向上发现的各种性质进行了理论上的分析,并通过数值仿真和设计制备样品进行了验证。

对于轴向存在的极化禁带进行了实验上的验证,证实了其仅允许与结构手征特性相反的圆偏振电磁波通过的性质,实验结果与能带理论和数值仿真给出的结果符合的很好。并对前人未发现的金属螺旋线阵列轴向电磁波输运与入射波偏振态的依赖关系进行了分析,提出可以使用非整数倍螺距长的金属螺旋线阵列实现极化禁带内的非对称传输,其正反方向透过率可以有 3 倍的差别。

对于轴向透过谱上极化禁带下方存在跳变点的现象,通过能带理论的分析发现其出现是由于(0)阶纵电磁波模式在有限厚度的金属螺旋线阵列中形成驻波引起的,对此也进行了分析并从实验上进行了验证。这证实了我们在能带理论中发现的(0)阶纵电磁波模式的存在。

第4章
金属螺旋线阵列的负折射现象

4.1 概　　述

在前文中我们曾介绍过，2004 年 John Pendry 提出可以在手征介质中引入电谐振来实现负折射[38]，此后有一系列相关理论和实验上的研究工作[32,34,35,37,42,44,64,65,68,73,74,76-78,80]，讨论使用手征介质实现负折射。2009 年，有多个研究小组分别在不同的结构的手征特异材料中发现了负的等效折射率[73,74,76-78]（图 4 - 1）。

在这一系列的工作中，一般的做法是，首先假定可以使用双各向同性介质的本构关系式(1 - 1)来描述所设计的手征特异材料，使用正入射条件下的透过和反射系数，来反推所等效的介电常数、磁导率、电磁互耦系数和折射率等电磁参数，进而从计算得到负等效参数来说材料中存在负折射。尽管这些工作中所涉及的系统可以称为特异材料，其结构单元一般也小于波长，但很多近期的研究工作中已经证明了特异材料的空间色散在很多场合下并不能忽略，因而这种分析方法中假定可以使用双各向同性介质的本构关系就不够严谨；另外，通过正入射的透过和反射系数反推等效电磁参数的做法，仅仅证明了在正方向存在背散射的现象，这对于证明负折射显

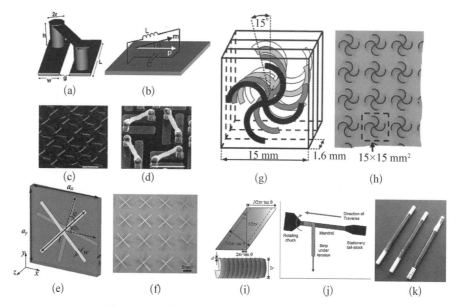

图 4-1　近期实现负等效折射率的手征特异材料

现的存在不够充分,且这种"黑盒子"理论并未能够揭示系统内部的物理过程。因而很需要一个直接观测手征特异材料中发生负折射现象的实验工作。在第 2 章金属螺旋线阵列能带理论的讨论中,发现在极化禁带上下两侧均存在群速度相速度反向、可以实现负折射的模式,并对低频支能带,即 $(\pm1,S)$ 阶模式上通过等频率面分析和数值仿真给予了验证。

　　在本章中,我们通过测量波束穿过金属螺旋线阵列之后产生的波束平移,对低频支能带上的负折射现象进行了实验上的验证,并与等频率面和数值仿真的结果做了相应的对比。

4.2　样品与实验装置

　　由第 2 章中的讨论,我们知道在进化禁带下方 $(+1,S)$ 模式上可以实现负折射。如图 4-2 所示,我们按照图 2-19 中所使用的参数构造了实验样品,与上一章中研究轴向电磁波输运特性时制备样品的方法相同,选用磷铜制作的金属螺旋线和聚氨酯泡沫制作的结构骨架。样品结构参数为螺距 p=4.4 mm、螺旋线的直径 δ=0.8 mm、螺旋半径 a=3.3 mm,正方格子晶格常数 d=11 mm,螺旋线在轴向共有 140 个周期共 616 mm 长。使用的硬质聚氨酯泡沫骨架是在长宽高为 616 mm×165 mm×11 mm 的硬脂泡沫上开出 15 条长宽深为 616 mm×7.5 mm×7.5 mm(宽和高各预留 0.1 mm)的槽,将金属螺旋线摆放到槽中,并将 12 片泡沫叠成一个的 616 mm×165 mm×131 mm 长方体结构,对频率为 9.5 GHz 的电磁波而言分别为 19.5、5.2 和 4.1 个波长,作为实验现象的观测已经足够大了。

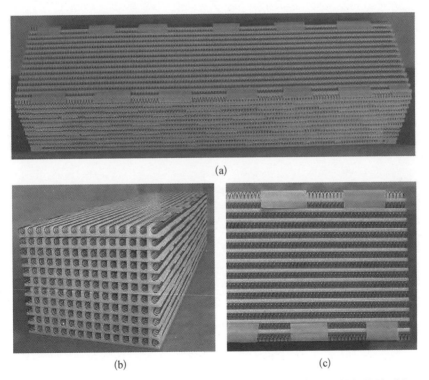

(a)

(b)　　　　　　　　　　(c)

图 4‑2　负折射实验样品(a) 斜俯视图;(b) 斜侧视图;(c) 正俯视图(部分)

波束以一定的入射角 α 斜入射到一块厚度为 L 的均匀介质平板时,其出射波束与入射波束相互平行,但会产生一定的水平方向平移,通过测量

出射波束与入射波束的偏移量 x，可以反推得到在介质平板内部波束的折射角 θ 为

$$\theta = \arctan\left(\tan\alpha - \frac{x}{L\cos\alpha}\right) \qquad (4-1)$$

图 4-3 给出了波束在长方体材料中发生折射的三种情况示意图，可见负折射波束的偏移量比正折射波束大，并且存在一个临界位置 $x = L\sin\alpha$ 对应折射角为零度，出射波束偏移量大于这一数值即发生负折射。

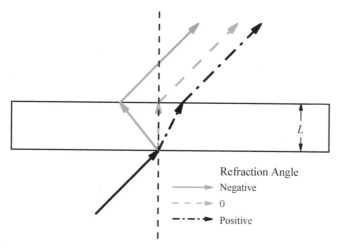

图 4-3　波束通过一块介质平板内发生平移的三种情况

考虑到负折射实验中测量的是光锥下方区域的负折射现象，需要用高介电常数的材料作为入射介质，使电磁波耦合到样品中，我们选用如上一章所说的介电常数为 8.9 的三氧化二铝作为耦合介质，耦合用三氧化二铝陶瓷为 4 块直角边长 277 mm、高 65 mm 的等边直角三角形体材料（图 4-4(a)），实验中在入射面和出射面各放置两块起到耦合作用。实验中使用的四块陶瓷拼成的长方体透过率在 50% 左右（图 4-4(b)），可见陶瓷的吸收还是很少的，可以作为耦合介质使用。

负折射实验装置如图 4-5 所示，样品呈倾斜 45° 放置，上下两侧均摆放

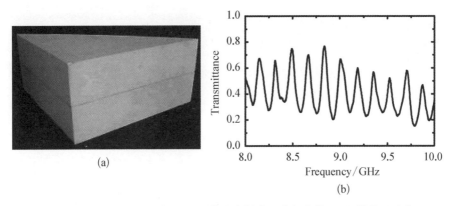

图 4‑4 (a) 实验用耦合;(b) 四块陶瓷拼成一个长方体,正入射的透过率

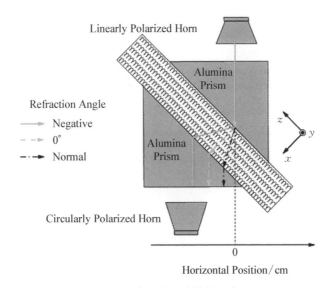

图 4‑5 负折射实验装置示意图

有叠放起来的两块陶瓷作为耦合,厚度和样品相同。发射天线使用了高增益、定向性很好的线极化喇叭天线,其工作频率为 8.2~12.4 GHz,极化方向为垂直极化;接收天线使用 8~10 GHz 右旋圆极化喇叭天线。信号的发射和采集分析同样采用 Agilent 8722ES 矢量网络分析仪。整个实验在微波暗室中进行,其中样品和陶瓷块置于一个包裹吸波材料的木质平台上。实验测量中,线极化天线位置被固定,其端面正对陶瓷的直角边截面中心,

这样对于样品来说，入射角度就为 45°；右旋圆极化天线被固定在置于水平方向的导轨上，可以左右移动，端面与线极化天线和样品位于同一高度上。导轨上标有刻度，整个实验装置中的各器件的水平位置均由这个刻度标定，实验测量时右旋圆极化喇叭每隔 1 mm 测一次透过谱。

4.3 低频支能带上的负折射现象

实验中，在 9.18～9.48 GHz 的频段范围内都测到了负折射现象。在图 4-6(a)和(b)中分别给出 9.41 GHz 和 9.20 GHz 两个频率的实验结果，图中虚线代表折射角为 0°时对应的出射峰位置，水平方向上的位置是

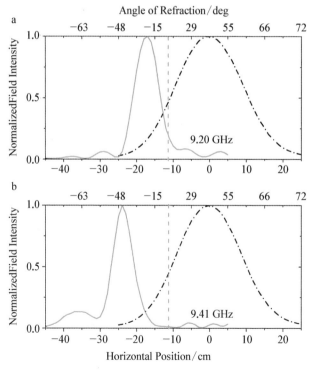

图 4-6 负折射实验结果

—11 cm;下方的横坐标是水平位置,上方的横坐标是对应水平位置出射时的折射角;黑色实线代表不放样品和陶瓷时,自由空间的波束归一化能量分布情况,即对应没有发生折射的情况;实线为波束经过陶瓷和样品之后的归一化能量分布情况,从波束的位置可以得出这两个频率对应的折射角度分别为—20.4°和—46.5°。

对于实验测试的结果,我们给出由理论计算和时域有限差分法(FDTD)数值模拟的结果作为比较。由图 4-7 中,图中黑色虚线标出了从介电常数为 8.9 的三氧化二铝陶瓷中,以 45°角入射到金属螺旋线阵列构造的手征特异材料和陶瓷棱镜界面上的电磁波 z 方向波矢的大小,黑色箭头表示了手征特异材料中电磁波的折射方向。由等频率面的分析可以看到在 9.41 GHz 时,电磁波在手征特异材料中的折射角为—45.8°,这与我们实验中 9.41 GHz 测试到的—46.5°的结果符合的很好。

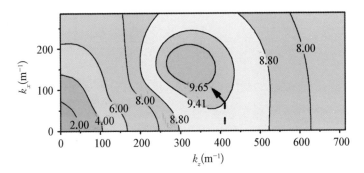

图 4-7　低频支模式负折射对应的(+1,S)阶模式等频率面

对应我们的测试结果,我们用基于时域有限差分法的商用软件 Concerto™ 6.0 也进行了数值仿真。

数值仿真结果(图 4-8)中给出的空间中电场的强度分布,模拟计算中与实验中的设置相同,由一右旋圆偏振波从数值仿真区域(图 4-8 边框内)的左下角以与水平方向成 45°角的方向,正入射到陶瓷棱镜表面。图中用白色箭头标识了电磁波在空间中传播的方向。由图 4-8 中数值模拟的结

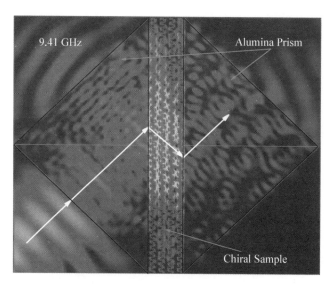

图 4-8 频率为 9.41 GHz 时,使用 Concerto™ 6.0 对低频
支负折射现象的仿真结果

果也可以看到在 9.41 GHz,与实验设置相同的模型也计算出明显的负折
射现象,负折射角约为 -43.67°,这也与我们实验中测到的 -46.5°的结果
符合的很好。

注意到我们从第 2 章中进行的等频率面分析得到,在 9.3 GHz 到
9.5 GHz 的频段内会发生负折射,相应的折射角从 -20°~-75°,而从实验
结果上看,能够测到的具有很好的波束能量空间分布的负折射频率范围为
9.18~9.48 GHz,对应的折射角范围为 -17.44°~-50.11°。实际测到的
负折射频段相比等频率面预测的频段略低,且也略宽一些,此外就是对于
所能测到的波束能量空间分布很好的频段,最大负折射角度在 -50°左右。

造成负折射频段与理论预测存在差异的原因主要是:一、样品尺寸为
有限大尺寸与理想的无穷大阵列存在一定的差别;二、样品制备不够精确,
金属螺旋线结构参数有误差、两侧最外层的金属螺旋线不能得到很好的固
定;三、硬脂泡沫具有一定的介电常数和吸收而使得频率降低,透过能量降
低等。

只能观测到−50°左右的最大折射角度,主要是因为接收端三氧化二铝陶瓷的尺寸并不能覆盖整个样品,大角度的折射波已经超出了陶瓷的范围,而且样品的长度有限,大折射角的波束将传播到样品的侧端面而不能抵达出射面。

4.4　本章小结

本章主要对金属螺旋线阵列能带光锥下方存在负折射区域的奇特现象,设计制备了样品,通过实验对其进行验证。

在负折射实验中,由于发生负折射的$(+1,S)$阶模式在光锥下方,波矢远大于自由空间中的波矢长度,因此需要利用高介电常数的作为入射才能激发出负折射现象,我们采用介电常数为 8.9 的三氧化二铝陶瓷作为耦合介质。使用工作在 8.2~12.4 GHz 的高增益定向线极化天线作为发射天线,工作在 8~10 GHz 右旋圆极化天线作为接收天线,通过测量出射波束的平移量反推波束在手征特异材料中的折射角,在 9.18~9.48 GHz 的频率内测到负折射现象,折射角范围为−17.44°~−50.11°,这与理论分析和 FDTD 数值模拟所预测的结果符合的很好,第一次从实验上直接的证实了 John Pendry 等人提出的手征材料中实现负折射的猜想。

第5章

基于金属螺旋线阵列的宽带波片

5.1 概　　述

在前文中，我们所研究的金属螺旋线阵列的种种奇特性质也与电磁波的偏振特性有很多联系，其中支持的圆偏振电磁波模式、与结构手性相同的圆偏振电磁波的负折射效应等都体现了其区别于电磁波偏振态的电磁响应特性。作为调控电磁波偏振态的系统来看，金属螺旋线阵列更是存在一个很宽的圆极化禁带，可以作为圆偏振电磁波的极化器使用。

在本章中，我们探讨金属螺旋线阵列横向的电磁波输运特性。在研究的过程中，我们从阵列横向的能带结构入手，分析其本征模式的性质，并对其物理机制进行分析。在这些分析的基础上，给出使用金属螺旋线阵列构造宽带工作的波片的设计，并给出了实验验证。

5.2 特异材料与电磁波偏振调控

电磁波的偏振态在我们身边处处可见[29,30]，例如傍晚斜照在水面的阳光的反光就有线偏振光的成分,而且电磁波的偏振态在很多领域内都有重要的应用价值[29,30],比如摄影、摄像中常需要用到线偏振、圆偏振滤光片;车窗和太阳镜上使用的偏振玻璃;在生物、化学领域鉴定分子;导航、定位以及 3D 电影等。因而对于电磁波偏振态的调控无论在理论研究还是应用领域都有很重要的意义。

在实际应用中,调控电磁波偏振态的器件有很多[29,30,108-115],最常见是极化器(偏振片)和各种相位延迟器件(波片),如图 5-1 所示。

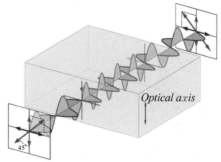

图 5-1　调控电磁波偏振态的器件。(左)极化器,(右)波片

近年来,特异材料一直是学术界研究的热点,使用特异材料可以实现很多天然材料所不具备的性质。使用特异材料来调控电磁波的偏振特性是最近几年的一个研究热点,主要有以下三类:

(1) 使用各向异性的结构,调节两正交方向上电磁波的振幅与位相。

基于这一原理,近期有很多研究工作[56,59,116-119],其中使用的结构更是千差万别,如十字线结构、有限长度金属线阵列、开口环结构等。但从原理上看这些设计都是构造了一个各向异性的电磁谐振结构,在两个正交的方向的响应有一些不同,使得电磁波通过这一材料后,在两个正交的方向上的场分量之间引入一定的相位差或是振幅上的区别,进而达到调控电磁波偏振特性的目的。

但实际上,看这些特异材料的设计从原理上与 1973 年 Leo Young 提

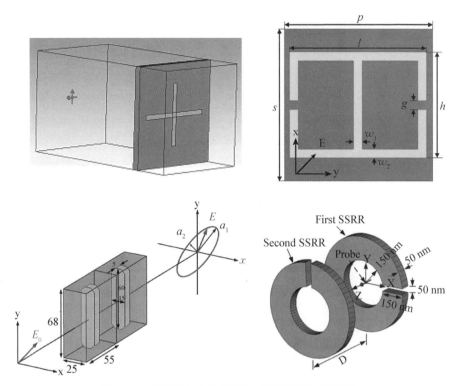

图 5‒2 有调控电磁波偏振态功能的特异材料结构

出用曲折线[120,121](meander-line)结构构造的极化器基本相同。而且从功能的角度上讲,由于这类调控电磁波偏振的特异材料一般是利用结构的电磁谐振特性,因而一般只能工作在单个频点上。

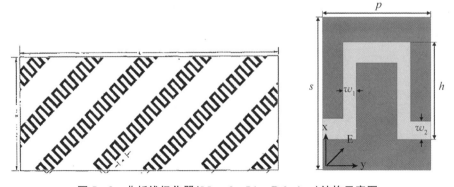

图 5‒3 曲折线极化器(Meander-Line Polarizer)结构示意图

（2）使用具有手征特性的结构,利用手征结构固有的对电磁波偏振态的区别相应[46,49,51,52,54,59,60,62,70-72,84]。这类特异材料中一般使用的有离散螺旋谐振结构、有手征特性的孔洞、旋进结构等,由于这里结构都带有手性的特征,因而对于左右旋圆偏振有不同的响应,因而可以调节通过这类材料的电磁波的偏振。

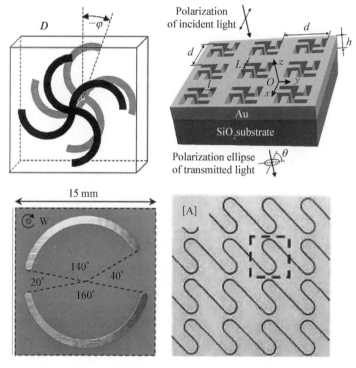

图 5-4 可调控偏振态的手征特异材料结构

（3）利用材料对于不同偏振电磁波的反射差异或特殊波导模式耦合实现宽带偏振调控。另有一类设计是利用材料的反射,如使用前两类材料的结构,通过合适的设计也可以使材料对两正交偏振电磁波的反射特性产生差异,进而改变反射波的偏振态。最近有工作报道[122-124],可以使用一维光子晶体禁带中对于 TE 和 TM 波发射位相不同的性质,通过合适的设计,可以设计出宽频段的反射式偏振调控器件。

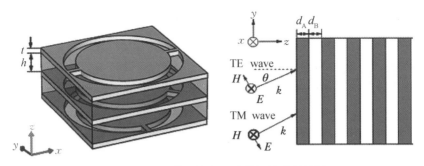

图 5‑5　可宽带调控电磁波偏振的特异材料

5.3　手征材料与电磁波偏振调控

在第 1 章中,我们回顾了手征介质和手征特异材料的研究工作,可以发现从一百多年前人们开始认识到手征介质开始,手征介质就与电磁波的偏振特性和调控有密切的联系[28,85-87,125]。在特异材料的概念兴起之后,近几年关于手征特异材料的研究工作中[32-36,41,43,46-57,59,60,62-80,82,83,96,126-134],也发现了其对于电磁波偏振态的调控和区别的响应,更有一系列研究工作中报道了使用手征特异材料实现强旋光性、强圆二色性等电磁特性。

5.3.1　单轴双各向异性介质

在 20 世纪八九十年代,I. V. Lindell, A. H. Sihvola 和 A. J. Viitanen 等人就对双各向异性的理想介质进行了理论上研究,其中比较特别的一类是单轴双各向异性[28,87,135-139],可以作为理想的电磁波偏振态转换器件,这里做一些简要的介绍。

描述手征介质的经典的双各向异性本构关系为

$$\boldsymbol{D} = \bar{\bar{\varepsilon}} \cdot \boldsymbol{E} + \bar{\bar{\xi}} \cdot \boldsymbol{H}$$

$$\boldsymbol{B} = \bar{\bar{\zeta}} \cdot \boldsymbol{E} + \bar{\bar{\mu}} \cdot \boldsymbol{H} \tag{5-1}$$

其中各电磁参数 $\bar{\bar{\varepsilon}}$，$\bar{\bar{\mu}}$，$\bar{\bar{\xi}}$，$\bar{\bar{\zeta}}$ 均为张量形式。

I. V. Lindell 等人设想的单轴双各向异性介质的一个理想化模型就是在均匀的背景介质中放置很多轴向相同的微小金属螺旋，设轴向为 z 轴。由于结构的对称性，介电常数和磁导率的张量形式也具有相同的对称性，为

$$\bar{\bar{\varepsilon}} = \begin{pmatrix} \varepsilon_t & 0 & 0 \\ 0 & \varepsilon_t & 0 \\ 0 & 0 & \varepsilon_z \end{pmatrix} \quad \bar{\bar{\mu}} = \begin{pmatrix} \mu_t & 0 & 0 \\ 0 & \mu_t & 0 \\ 0 & 0 & \mu_z \end{pmatrix} \tag{5-2}$$

在这种模型下，仅轴向的电场（磁场）可以引起轴向的磁化（极化），因而表征电磁互耦的两个电磁参量形式为

$$\bar{\bar{\xi}} = \begin{pmatrix} 0 & 0 & 0 \\ 0 & 0 & 0 \\ 0 & 0 & \xi \end{pmatrix} \quad \bar{\bar{\zeta}} = \begin{pmatrix} 0 & 0 & 0 \\ 0 & 0 & 0 \\ 0 & 0 & \zeta \end{pmatrix} \tag{5-3}$$

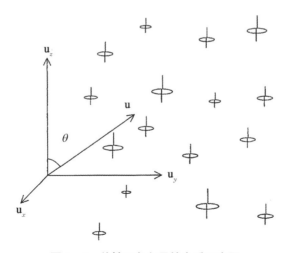

图 5-6　单轴双各向异性介质示意图

对于这两个参量，双各向同性介质中常用的形式为 $\xi = (\chi - i\kappa)\sqrt{\varepsilon_0\mu_0}$ 和 $\zeta = (\chi + i\kappa)\sqrt{\varepsilon_0\mu_0}$，其中 χ 为 Tellegen 参数，与介质的非互易性有关，κ 为手征参数，与介质的手征特性有关。对这里的情况来说，有 $\xi = -\zeta = -i\kappa\sqrt{\varepsilon_0\mu_0}$。现在考虑其中本征模式的色散关系和本征模式的特性。

将本构关系和 Maxwell 方程组联立，得到介质的本征值方程

$$\left[\left(\frac{\boldsymbol{k}}{\omega} + \boldsymbol{\xi}\right)\boldsymbol{\mu}^{-1}\left(\frac{\boldsymbol{k}}{\omega} - \boldsymbol{\zeta}\right) + \boldsymbol{\varepsilon}\right]\boldsymbol{E} = 0 \tag{5-4}$$

因为单轴双各向异性介质在 xOy 面上是均匀的，因而可以将波矢约束在 xOz 面上来简化问题，令 $k_x = k\sin\theta$，$k_z = k\cos\theta$，其中 θ 为波矢和 z 轴之间的夹角。求解得到

$$
\begin{aligned}
k_{\pm}^2 &= \frac{\omega^2\varepsilon_t\mu_t(\varepsilon_z\mu_z - \xi\zeta)}{(\varepsilon_z\mu_z - \xi\zeta)\cos^2\theta + \sin^2\theta\left[\dfrac{(\varepsilon_t\mu_z + \varepsilon_z\mu_t)}{2} \pm \sqrt{\left(\dfrac{\varepsilon_t\mu_z - \varepsilon_z\mu_t}{2}\right)^2 + \varepsilon_t\mu_t\xi\zeta}\right]} \\
&= \frac{\omega^2\varepsilon_t\mu_t}{\cos^2\theta + \dfrac{\sin^2\theta}{A_{\pm}}}
\end{aligned}
\tag{5-5}
$$

其中 $A_{\pm} = \dfrac{1}{2}\left(\dfrac{\mu_z}{\mu_t} + \dfrac{\varepsilon_z}{\varepsilon_t}\right) \mp \sqrt{\dfrac{1}{4}\left(\dfrac{\mu_z}{\mu_t} - \dfrac{\varepsilon_z}{\varepsilon_t}\right)^2 + \dfrac{\xi\zeta}{\varepsilon_t\mu_t}}$，这就得到了双各向异性介质的色散关系。

相应地，可以解得本征态为 $\boldsymbol{E}_{\pm} = E_{\pm}\boldsymbol{e}_{\pm}$，其中 $\boldsymbol{e}_{\pm}$ 本征矢量，表达式为

$$
\begin{aligned}
\boldsymbol{e}_{\pm} &= \frac{i\kappa\sqrt{\varepsilon_0\mu_0}}{\sqrt{\cos^2\theta + \dfrac{\sin^2\theta}{A_{\pm}}}}\cos\theta\,\boldsymbol{e}_x + \sqrt{\varepsilon_t\mu_t}\left(A_{\pm} - \frac{\varepsilon_z}{\varepsilon_t}\right)\boldsymbol{e}_y - \\
&\quad \frac{i\kappa\sqrt{\varepsilon_0\mu_0}}{\sqrt{\cos^2\theta + \dfrac{\sin^2\theta}{A_{\pm}}}}\frac{\sin\theta}{A_{\pm}}\boldsymbol{e}_z
\end{aligned}
\tag{5-6}
$$

这就得到了单轴双各向异性介质中本征态。

现在我们就单轴双各向异性介质中垂直于轴向传播的波进行分析,垂直于轴向即前面定义的夹角 θ 为 $\pi/2$。那么对应的色散关系为

$$
\begin{aligned}
k_{\pm}^2 &= \frac{\omega^2 \varepsilon_t \mu_t (\varepsilon_z \mu_z - \xi\zeta)}{\dfrac{(\varepsilon_t \mu_z + \varepsilon_z \mu_t)}{2} \pm \sqrt{\left(\dfrac{\varepsilon_t \mu_z - \varepsilon_z \mu_t}{2}\right)^2 + \varepsilon_t \mu_t \xi\zeta}} \\
&= \omega^2 \varepsilon_t \mu_t A_{\pm}
\end{aligned} \tag{5-7}
$$

其本征矢量 $\boldsymbol{e}_{\pm}$ 为

$$
\boldsymbol{e}_{\pm} = \sqrt{A_{\pm}}\left(A_{\pm} - \frac{\varepsilon_z}{\varepsilon_t}\right)\boldsymbol{e}_y - i\kappa\sqrt{\frac{\varepsilon_0 \mu_0}{\varepsilon_t \mu_t}}\boldsymbol{e}_z \tag{5-8}
$$

可以发现这对应着两个正交的椭圆偏振模式,且二者在相速度上有一定差别。这与单轴晶体中的两个正交的线偏振模式和类似,因而 I. V. Lindell 等人提出可以使用单轴双各向异性介质来实现电磁波的理想偏振转换器,即基于其中椭圆偏振模式的波片。选择合适的参数和介质的厚度,理论上说可以实现任意两个偏振态的理想转换。

5.3.2　基于两正交椭圆偏振态波片性质

从理论上来看,任何一个偏振态的电磁波模式,均可以用两个偏振正交的偏振态来展开,例如:

(1) 用线偏振展开,用传统单轴晶体构造的各种相位延迟片就是基于这一原理工作的。

$$
\psi = \begin{bmatrix} A \\ B \end{bmatrix} = A\begin{bmatrix} 1 \\ 0 \end{bmatrix} + B\begin{bmatrix} 0 \\ 1 \end{bmatrix} \tag{5-9}
$$

（2）用圆偏振展开，手征材料、法拉第介质和旋磁介质等的旋光性实质上就是基于此。

$$\psi = \begin{bmatrix} A \\ B \end{bmatrix} = \frac{1}{2}(A+iB)\begin{bmatrix} 1 \\ -i \end{bmatrix} + \frac{1}{2}(A-iB)\begin{bmatrix} 1 \\ i \end{bmatrix} \qquad (5-10)$$

而使用两个正交的椭圆偏振模式同样也可以将任意电磁波偏振态进行展开，设两个沿 x 方向传播的椭圆偏振的电磁波模式的电场分量可以写作

$$E_{\text{REP}} = (\alpha\boldsymbol{u}_y + i\beta\boldsymbol{\mu}_z)\mathrm{e}^{i(k_{\text{REP}}x-\omega t)}$$
$$E_{\text{LEP}} = (\beta\boldsymbol{u}_y - i\alpha\boldsymbol{u}_z)\mathrm{e}^{i(k_{\text{LEP}}x-\omega t)} \qquad (5-11)$$

其中，α 和 β 为两个正实数，二者的比值决定了椭圆偏振的轴比，k_{REP} 和 k_{LEP} 为右旋和左旋椭圆偏振的波矢，$\boldsymbol{u}_y$ 和 $\boldsymbol{u}_z$ 为 y 和 z 方向上的单位矢量。使用这两个椭圆偏振模式可以对任意偏振态进行展开

$$\psi = \begin{bmatrix} A \\ B \end{bmatrix} = \left(\frac{\alpha A - i\beta B}{\alpha^2+\beta^2}\right)\begin{bmatrix} \alpha \\ i\beta \end{bmatrix} + \left(\frac{\beta A + i\alpha B}{\alpha^2+\beta^2}\right)\begin{bmatrix} \beta \\ -i\alpha \end{bmatrix} \quad (5-12)$$

因而，存在相速度不同的两椭圆偏振模式的单轴双各向异性介质就可以作为波片来使用，与单轴晶体的情况是相似的。由于在提出这个理论设想时，I. V. Lindell 等人考虑的是一种理想的介质，并不存在于自然界中，因而当时并未对这种波片的功能特性做很详细的分析，这里我们对其性能进行一些探讨。

对于波片来说，其工作过程可以描述为

$$\psi_{\text{in}} = A\psi_1 + B\psi_2 \quad \psi_{\text{out}} = A\psi_1\mathrm{e}^{i\Delta\phi} + B\psi_2 \qquad (5-13)$$

其中，ψ_1，ψ_2 代表波片中存在的两种正交的模式，$\Delta\phi = \Delta k \cdot L$ 代表传播过波片厚度所带来的相位差，L 表示波片的厚度。对于式（5-11）中的两个椭

圆偏振模式来说,$\Delta k = k_{\mathrm{REP}} - k_{\mathrm{LEP}}$。式(5-13)描述了波片所能够达到的改变偏振态的能力。从原理上讲,单轴双各向异性介质构造的波片与单轴晶体构造的传统波片,仅是使用的正交偏振态不同,没有本质差别。因而功能上单轴晶体波片能实现的,单轴双各向异性介质波片也能实现,但由于使用的正交偏振态不同,其性能在具体表现上有一定的区别。

考虑到实际应用中,偏振态的转换一般都和线偏振或圆偏振有关,这里对照传统波片的四分之一波片和二分之一波片进行分析。设想这样一个情况,一列沿 x 正向传播的线偏振电磁波,电场偏振方向与 y 轴的夹角为 θ,正入射到一块厚度为 L 的单轴双各向异性介质平板上,平板中支持的模式符合式(5-11),则出射波的电场分量的形式为

$$E_{out} = \frac{1}{i(\alpha^2 + \beta^2)}\left[(i\alpha\cos\theta + \beta\sin\theta)\alpha\,e^{i\Delta kL} + (i\beta\cos\theta - \alpha\sin\theta)\beta\right]\boldsymbol{y} +$$

$$\frac{1}{i(\alpha^2 + \beta^2)}\left[(i\alpha\cos\theta + \beta\sin\theta)i\beta\,e^{i\Delta kL} - (i\beta\cos\theta - \alpha\sin\theta)i\alpha\right]\boldsymbol{z}$$

$$(5-14)$$

对于出射电磁波的极化特性,我们可以用轴比 $AR = \dfrac{E_y}{iE_z}$ 来描述出射电磁波的偏振态,数值为 1 或 -1,对应左旋和右旋圆偏振;数值为 0、∞ 或纯虚数时,对应线偏振,其余为椭圆偏振。则式(5-14)出射电磁波的轴比可以写作

$$AR = \frac{(i\alpha/\beta + \tan\theta)e^{i\Delta kL} + (i\beta/\alpha - \tan\theta)}{-(i + \beta/\alpha\tan\theta)e^{i\Delta kL} + (i - \alpha/\beta\tan\theta)} \qquad (5-15)$$

从式(5-15)中可以发现单轴双各向异性介质波片的一些特点。对应于传统的四分之一波片将线偏振波转化为圆偏振波的功能。当入射线偏振电磁波电场偏振方向在 y 和 z 方向时,即 θ 为 $0°$ 或 $90°$ 时。确定波片中椭

圆偏振电磁波模式轴比的两个常数 α 和 β 满足 $\alpha/\beta = \sqrt{2} \pm 1$，厚度满足 $\Delta k \cdot L = (2n+1)\pi$，$n \in Z$ 时，出射电磁波为圆偏振。若 θ 不为 0 或 90°，只要选取适当轴比的椭圆偏振态（即 α 和 β 之比）和相位差（即厚度）也可以得到圆偏振。

图 5-7 中，我们给出了 α 和 β 之比为 4.236，入射线偏振光偏振方向与 x 轴夹角 θ 为 60°的情况下，出射电磁波偏振态与和厚度相关的相位差之间的关系。可以看到单轴双各向异性波片在图中点划线标识的位置上，将入射的线偏振电磁波转化为圆偏振电磁波和 −60°偏振的线偏振电磁波。

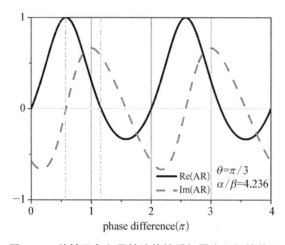

图 5-7 单轴双各向异性波片性质与厚度之间的关系

从图 5-7 中我们看到，单轴双各向异性波片也可以实现类似于传统的二分之一波片的功能，即将线偏振电磁波电场偏振方向与 y 轴的夹角由 θ 旋转为 −θ 的功能。由式(5-15)出发，令 $\tan\gamma = \alpha/\beta$, 可得到

$$e^{i\Delta kL} = \frac{\sin 2\gamma \cos 2\theta + i\sin 2\theta}{\sin 2\gamma \cos 2\theta - i\sin 2\theta} \tag{5-16}$$

这是关于单轴双各向异性波片实现二分之一波片功能的通解，注意到一个特殊的情况，即如果 θ 角为 45°，那么只要 $\Delta k \cdot L = (2n+1)\pi$，$n$ 为整

数,无论 α 和 β 之比数值如何,均可以转为 $-45°$ 的线偏振态。

　　图 5-8 中,我们给出了 α 和 β 之比为 $\sqrt{2}+1$ 和 3,介质平板引入位相差为 π 时,入射线偏振与 x 轴夹角 θ 与出射电磁波偏振态之间的关系。可以发现,在入射角为 $45°$ 时,出射电磁波的偏振方向总在 $-45°$。

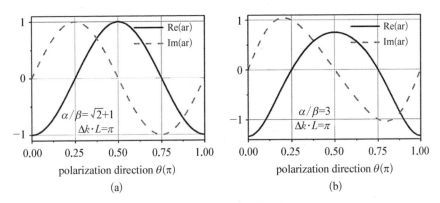

图 5-8　单轴双各向异性波片性质与入射线偏振光偏振方向之间的关系

5.4　金属螺旋线阵列横向传输特性

　　在上一节中,我们介绍了使用单轴双各向异性介质,可以构造基于椭圆偏振模式的波片。在我们对于金属螺旋线阵列进行研究的过程中,我们发现在金属螺旋线阵列中,横向上(垂直于轴的方向)恰好存在着两支正交的椭圆偏振的模式,我们就设想使用金属螺旋线阵列来构造电磁波偏振调控的器件。

5.4.1　金属螺旋线阵列横向能带与本征模式分析

　　我们分析的金属螺旋线阵列由右旋螺旋线构成,其几何参数为:螺距 $p=4$ mm、螺旋线的直径 $\delta=0.6$ mm、螺旋半径 $a=3$ mm,螺旋线长度为

60 mm,轴向有 15 个周期,正方格子晶格常数 $d=11$ mm,结构参数与第 2 章计算轴向能带(图 2 – 9)和第 3 章轴向透过实验中使用的参数相同。空间中的坐标定义与前文的定义也是相同的,定义金属螺旋线轴向为 z 轴,各螺旋线中心位于式(2 – 16)定义的正方阵列上。

图 5 – 9 为金属螺旋线阵列 x 方向的能带结构,图中给出了最低的四支模式,黑色虚线标示光锥,这里最低的两支模式我们分别标称为 B_R(方块)和 B_L(圆点)。结合金属螺旋线阵列轴向能带图 2 – 9,我们可以发现 B_L 这支模式是由轴向的(0)阶模式在 ΓX 方向延展而来,而 B_R 这支模式是由相互简并的轴向(+1,S)和(−1,S)两阶模式在 ΓX 方向延展而来。二者在 ΓX 方向上简并的性质,从螺旋带阵列场分量表达式(2 – 26)和式(2 – 25)中就可以看出。

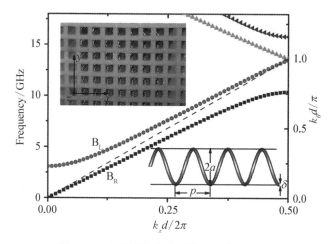

图 5 – 9 金属螺旋线阵列横向能带(x 方向)

类似于第 2 章中对轴向各阶模式的分析方法,我们也对 x 方向上最低的两支模式 B_R 和 B_L 的偏振特性进行了分析,同样是给出 $|\langle E_z \rangle|/|\langle E_x \rangle|$,$|\langle E_z \rangle|/|\langle E_y \rangle|$ 和 $AR = \langle E_x \rangle k_z / |\langle i E_y \rangle| k_z|$ 三个比率来分析,结果如图 5 – 10 所示。

从图 5 – 10 中的结果可以看出这两支模式分别是理想的左旋和右旋椭圆偏振模式,其电场矢量端点在波阵面投影的轨迹(迎着波的传播方向)在

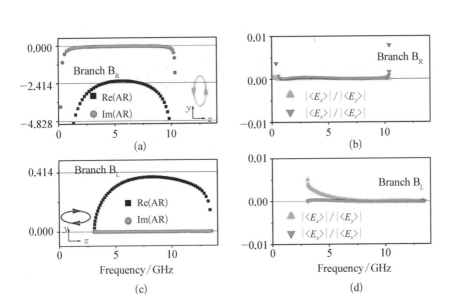

图 5 - 10　螺旋阵列 x 方向 B_R 和 B_L 的偏振特性分析

图中也已标出，且二者的偏振态是相互正交的。注意到图 5 - 9 中 B_R 和 B_L 两支模式的相速度并不相同，在这就为我们使用金属螺旋线阵列构造波片提供了保证。

对图 5 - 10 中 B_R 和 B_L 两支模式偏振特性进一步的分析可以发现，B_R 和 B_L 两支椭圆偏振模式，分别为右椭圆和左椭圆模式，且偏振长轴分别位于 y 和 z 方向。这是由于 B_L 模式是由轴向的(0)阶模式延展而来，因而在 ΓX 方向自然就继承了轴向(0)阶模式场分量主要分布与 z 方向和具有一定左旋偏振特性的特点。相应的 B_R 模式是由轴向(± 1,S)阶模式延展而来的，在 ΓX 方向自然就继承了轴向(± 1,S)阶模式为横波，场分量主要分布在垂直与轴向的平面内的特点，因而 B_R 模式的电场分量主要落在 y 方向。

结合图 5 - 9 和图 5 - 10 中金属螺旋线阵列 x 方向 B_R 和 B_L 两支模式的能带结构和本征模式偏振特性结果进行更进一步的分析，我们发现了一个非常特别的现象。首先注意图 5 - 9 中 B_R 和 B_L 两支模式的色散曲线在约 3.9～9.6 GHz 这样一个很宽的频段内基本保持平行的关系，这就是说 B_R

和 B_L 两支模式波矢之差 $\Delta k = k_{REP} - k_{LEP}$ 在这个频段内基本保持恒定。相应地在金属螺旋线阵列中，这两支模式传播一段距离之后，二者之间引入的相位差 $\Delta k \cdot L$ 也就在这个频段内保持恒定。

如图 5-11 所示，我们给出了 B_R 和 B_L 两支椭圆模式在金属螺旋线阵列的横向平面上的等频率面，可以发现除布里渊区边界附近的高频部分外，两支模式的等频率面基本都是圆形，这就说明频率不是很高的频段内，金属螺旋线阵列在横向上基本上表现为一个各向同性的均匀介质。而且，在金属螺旋线阵列横向平面上，B_R 和 B_L 两支模式也都具备波矢之差 $\Delta k =$

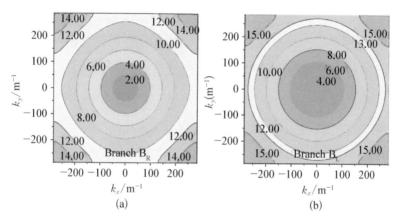

图 5-11 B_R 和 B_L 模式在阵列横向平面的等频率面

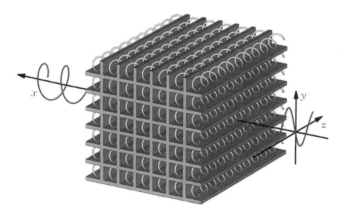

图 5-12 金属螺旋线宽带波片工作示意图

$k_{\mathrm{REP}}-k_{\mathrm{LEP}}$ 在 $3.9{\sim}9.6\,\mathrm{GHz}$ 频段内基本保持恒定的性质。

相应地，我们从图 5-10 中也发现，在相同的频段内，$\mathrm{B_R}$ 和 $\mathrm{B_L}$ 两支椭圆模式的轴比也同样地基本保持恒定，以式(5-11)中对左右旋椭圆偏振模式的定义，也就是 α/β 的比值基本保持恒定。由式(5-15)，我们可以发现，金属螺旋线阵列可以在这一频段内一致地转换电磁波的偏振特性，可用来构造宽带工作的波片。由图 5-9 和图 5-10 中的结果，$\mathrm{B_R}$ 和 $\mathrm{B_L}$ 两支椭圆模式的波矢之差 $\Delta k \approx \pi/7$，椭圆模式轴比对应的 $\alpha/\beta \approx \sqrt{2}+1$。参考 5.3.2 节中的讨论，我们所计算的系统在 x 方向上放置 7 个周期即可带来 π 的相位差，其椭圆模式轴比对应的 $\alpha/\beta \approx \sqrt{2}+1$，与图 5-8(a) 中的分析的情况相符。因而使用图 5-9 中计算的系统，在 x 方向上放置 7 个周期，即可将沿 x 方向入射的 y 和 z 方向偏振的线偏振电磁波转化为圆偏振波，还可以将偏振方向与 y 轴成 $45°$ 和 $-45°$ 的线偏振入射波的偏振方向旋转 $90°$。

5.4.2　金属螺旋线阵列中的双重机制

在我们对使用其他结构参数的金属螺旋线阵列进行计算时，发现 $\mathrm{B_R}$ 和 $\mathrm{B_L}$ 两支椭圆模式的色散曲线不一定存在相互平行的频段，且对应的两支模式的偏振特性也并不保持恒定。为探究金属螺旋线阵列横向能带的特性，我们除了结合能带结构和本征模式偏振特性进行分析外，我们还对金属螺旋线阵列各有关参数进行了数值的分析。金属螺旋线阵列共有螺距 p、螺旋半径 a、螺旋线线径 δ 和晶格常数 d 四个结构参数，我们在保持其他三个参数不变的前提下，分别改变这四个参数，计算对应的阵列 x 方向能带结构和 $\mathrm{B_R}$ 和 $\mathrm{B_L}$ 两支模式的偏振特性。

1. 改变阵列的晶格常数 d

图 5-13 和图 5-14 中我们给出了阵列晶格常数 d 分别为 8、11、15 和 20 mm 时，对应的金属螺旋线阵列 x 方向能带结构和 $\mathrm{B_R}$ 和 $\mathrm{B_L}$ 两支模式的偏振特性计算结果。另外的三个参数螺距 p，螺旋半径 a，金属线线径 δ

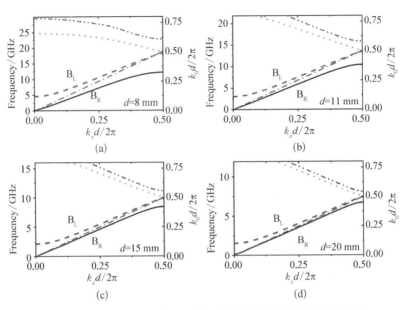

图 5‑13 金属螺旋线阵列 x 方向能带结构与晶格常数 d 的关系

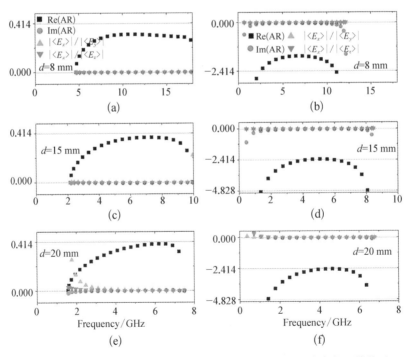

图 5‑14 B_R(右栏)和 B_L(左栏)两支模式偏振特性与晶格常数 d 的关系

与图 5 - 9 中使用的参数相同。注意图 5 - 13 中是以按照轴向晶格常数归一化后的自由空间波矢来标定纵坐标的（右侧 y 轴），左侧 y 轴上给出的是相应的频率。

2. 改变金属线线径 δ

图 5 - 15 和图 5 - 16 中我们给出了，金属线线径 δ 分别为 0.4、0.6、0.8 和 1 mm 时，对应的金属螺旋线阵列 x 方向能带结构和 B_R 和 B_L 两支模式的偏振特性计算结果。另外的三个参数螺距 p，螺旋半径 a，晶格常数 d 与图 5 - 9 中使用的参数相同。

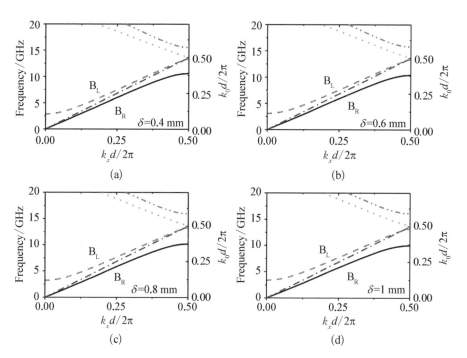

图 5 - 15　金属螺旋线阵列 x 方向能带结构与螺旋线线径 δ 的关系

增大金属线线径 δ 可以等效的减小金属螺旋线内部的空间、增大金属螺旋线阵列的填充比。可以看到 B_L 模式的截止频率微微提高，B_R 模式微微降低，两者随着线径的增大有相互远离的趋势。但总体来说，金属线线径的改变对阵列的能带结构以及模式的偏振特性都影响不大。

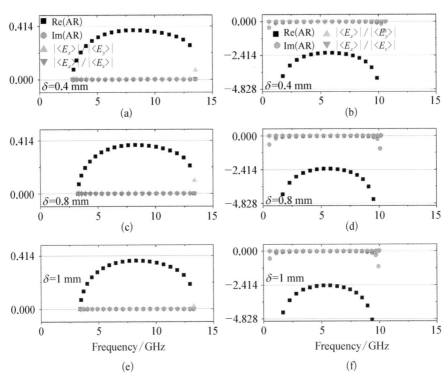

图 5 - 16 B_R(右栏)和 B_L(左栏)两支模式偏振特性与螺旋线线径 δ 的关系

3. 改变螺距 p

图 5 - 17 和图 5 - 18 中,我们给出了阵列螺距 p 分别为 1、4、6 和 8 mm 时,对应的金属螺旋线阵列 x 方向能带结构和 B_R 和 B_L 两支模式的偏振特性计算结果。另外的三个参数螺旋半径 a,金属线线径 δ,晶格常数 d 与图 5 - 9 中使用的参数相同。

可以看到改变螺距的大小对于 B_R 模式色散曲线影响不大,注意到前面的发现 B_R 模式色散曲线受晶格常数影响很大,这些性质明确地指出这支模式主要是有阵列间的布拉格散射所决定的。相反的受阵列间布拉格散射影响较小的 B_L 模式,对于螺距的变化却十分的敏感。在螺距很小的时候,B_L 模式的截止频率会极大地降低;而螺距增大的时候,截止频率又会迅速提高(接近 $0.5 \times c_0/2d$),使色散曲线前半段的斜率迅速减小。注意到,螺

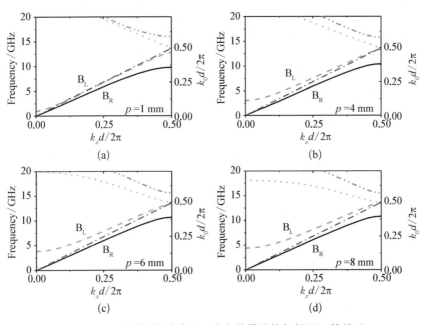

图 5-17　金属螺旋线阵列 x 方向能带结构与螺距 p 的关系

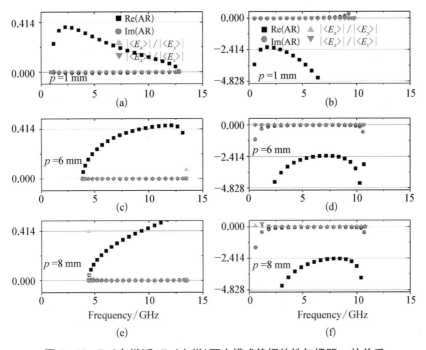

图 5-18　B_R（右栏）和 B_L（左栏）两支模式偏振特性与螺距 p 的关系

距是表征金属螺旋线由螺旋对称性带来的局域谐振(手征程度或电磁互耦的强弱)的重要参数,我们可以得出一个结论,即 B_L 模式的性质主要由螺旋对称性带来的局域谐振所决定。同时,我们也注意到模式的偏振特性受螺距的影响也很大,这也是由于螺距大小直接决定金属螺旋线由螺旋对称性带来的局域谐振的关系。

4. 改变螺旋半径 a

图 5-19 和图 5-20 中,我们给出了阵列螺旋半径 a 分别为 1、2、3 和 4 mm 时,对应的金属螺旋线阵列 x 方向能带结构和 B_R 和 B_L 两支模式的偏振特性计算结果。另外的三个参数螺距 p,金属线线径 δ,晶格常数 d 与图 5-9 中使用的参数相同。

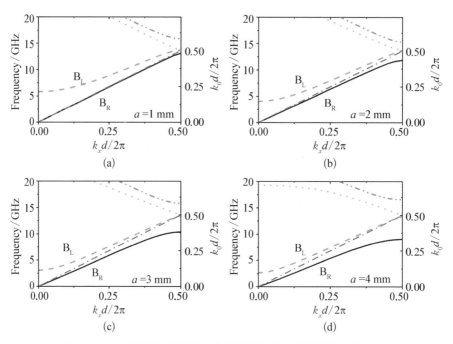

图 5-19　金属螺旋线阵列 x 方向能带结构与螺旋半径 a 的关系

螺旋半径 a 在金属螺旋线阵列中是一个很特别的参数。其数值上的变化,不仅关系到阵列间布拉格散射的强弱,也关系到螺旋线结构自身的

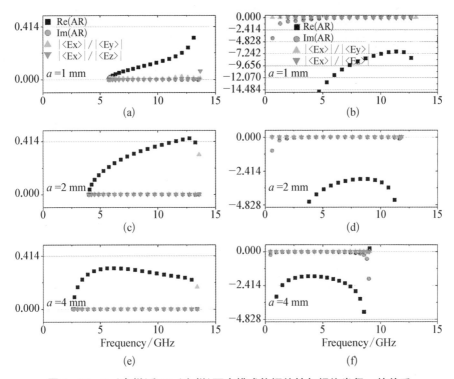

图 5−20 B_R（右栏）和 B_L（左栏）两支模式偏振特性与螺旋半径 a 的关系

局域谐振性质，与螺距一样直接决定了螺旋线结构手征程度的强弱。我们从图中可以看到，B_R 模式色散曲线的斜率随着螺旋半径的增大不断地减小，这又一次证明了 B_R 模式的性质主要是由阵列间布拉格散射决定的，因为螺旋半径的增大会增强阵列间的布拉格散射。同时，类似于减小螺距，增大螺旋半径会使螺旋线手征程度增强，使 B_L 模式的截止频率降低。同样的，改变螺旋半径也会很明显地影响两支模式的偏振性质。

经过以上的分析，我们注意到金属螺旋线阵列的一个很重要的性质，即由于 B_R 和 B_L 两支模式分别由阵列间的布拉格散射和金属螺旋线由螺旋对称性带来的局域谐振两种物理机制所决定，两支模式的性质可以通过改变与两种物理机制相关联的结构参数相对独立的调节，例如我们前面参数分析中改变螺距时，B_L 模式的色散曲线有显著变化，而 B_R 模式几乎不受影响。

　　通过这些参数研究,我们也发现了单独调控 B_R 模式,而 B_L 模式几乎不受影响的途径,即保持系统手征程度不变。这里需要引入一个描述系统手征程度的参数,即金属螺旋线的旋进角 $\psi(\cot\psi = 2\pi a/p)$。在图 5-17(c)和图 5-19(b)对应的两个系统中,旋进角的大小是相同的,$\psi = 17.66°$。对比两者可以发现,在保持旋进角大小不变的情况下,改变与阵列间布拉格散射联系密切的螺旋半径 a,B_R 模式的色散曲线随之也发生很明显的变化。而由于旋进角不变,系统的手征程度不变,B_L 模式的色散曲线基本不发生变化。为了更清楚的展示这一点,在图 5-21 中,我们给出保持旋进角 $\psi =$ 17.66° 不变,改变螺旋半径的结果,系统的螺旋线线径 δ 和晶格常数 d 与图 5-9 中使用的参数相同。

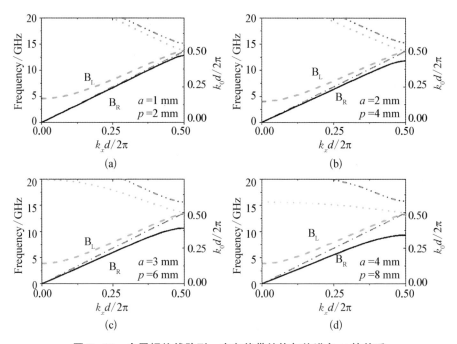

图 5-21　金属螺旋线阵列 x 方向能带结构与旋进角 ψ 的关系

　　以上的研究中,我们发现 B_R 和 B_L 两支模式分别由不同的物理机制掌控,且可以通过不同的结构参数进行独立的调节,实际上在阵列轴向极化禁带宽带调控的研究中,我们也发现了金属螺旋线阵列类似的性质。这在以往使用天然或人工材料构造的系统中都未见诸报道。可以说金属螺旋线阵列中这一独特的性质是由于系统独特的螺旋对称性,为我们调节材料本征模式色散及偏振性质带来的新自由度导致的。

5.4.3　宽带波片

由前面两小节的讨论,我们知道金属螺旋线阵列中存在着两支正交的椭圆偏振模式。二者的性质分别由阵列间的布拉格散射和金属螺旋线由螺旋对称性带来的局域谐振所决定,因而可以独立的调节。选取合适的结构参数可以得到如图 5 - 9 中,两支模式波矢之差和椭圆偏振轴比在一个很宽频段内保持恒定的系统。基于这些认识,我们制备了样品,在实验上证实我们所设计的宽带波片。

样品制备的方法与上一章中相同,仅是在结构参数上不同。样品结构参数与图 5 - 9 中计算所使用的参数相同,为螺距 $p=4$ mm、螺旋线线径 $\delta=0.6$ mm、螺旋半径 $a=3$ mm、晶格常数 $d=11$ mm。为获得更好的实验效果,减少样品周围绕射对实验造成的影响,我们需要构造一个在 yOz 面横截面积足够大的阵列,选用的螺旋线在轴向共有 200 个周期共 800 mm 长,使用的硬质聚氨酯泡沫骨架是在长宽高为 800 mm×253 mm×11 mm 的硬脂泡沫上开出 23 条长宽深为 800 mm×6.7 mm×6.7 mm(宽和高各预留 0.1 mm)的槽。注意,这是考虑验证我们所设计波片工作性能与厚度的依赖关系,所以开槽的个数比较多,在实验中可根据测量的需要摆放金属螺旋线构造不同厚度的样品。将 60 片泡沫骨架叠成一个的 800 mm×253 mm×660 mm 长方体结构。

实验装置如图 5 - 22 所示,样品的局部图可参看图 5 - 9 中左上角插图。研究轴向传输特性时一样,样品放置于发射和接收天线之间,并用激光定位仪定位,使两个天线端面正对,样品中心位于两天线中心连线上,并

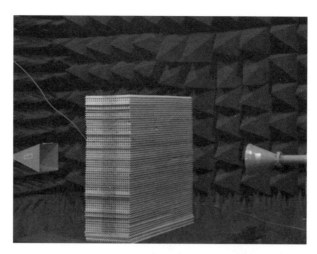

图 5‑22 金属螺旋线波片实验装置图

保证正入射到样品界面上。由 5.4.1 节最后的讨论,我们知道我们的样品在传播方向(x 方向)上摆放 7 个周期,即可实现将线偏振入射电磁波转化为圆偏振电磁波或是旋转其偏振方向的功能,于是我们在每层泡沫板中摆放 7 根金属螺旋线,构造了一个 7×60 的金属螺旋线阵列。

实验共分两组进行,第一组实验中使用线偏振喇叭天线作为发射天线,以圆偏振天线接收,验证波片将线偏振转化为圆偏振的功能;第二组实验中发射和接收天线都使用线偏振天线,验证波片旋转线偏振波偏振方向的功能。每组实验中都分别对两个偏振分四个频段进行。信号的采集和分析采用 Agilent 8722ES 矢量网络分析仪进行,整个实验在微波暗室中进行。

为了校验我们理论预期和实验测量结果的正确,我们使用基于时域有限差分法(FDTD)的 CST Microwave Studio® 5 也进行了数值仿真,实验与仿真的结果如图 5‑23 所示,可以看到二者符合的相当好。从图 5‑23(a)和(b)可以发现,正入射的 y 和 z 方向偏振的线偏振电磁波被理想的转化为右旋和左旋圆偏振电磁波,在 3.9~9.6 GHz 频段内大多数频率上,仿真和实验测量的结果中,分别有超过 95% 和 85% 的能量转化为目标偏振电磁

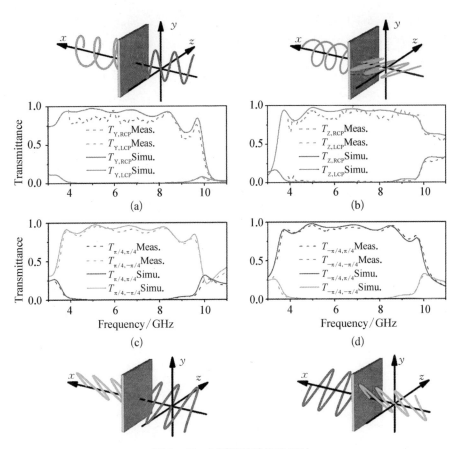

图 5-23　7 周期波片结构透过

波。实验测量的信噪比(这里定义为 $T_{Y, \text{RCP}}/T_{Y, \text{LCP}}$ 和 $T_{Z, \text{LCP}}/T_{Z, \text{RCP}}$)在 4.1~8.8 GHz 的频段内均超过 20 dB。需要注意的是,这里的结果仅仅是有金属螺旋线阵列构造的一块手征特异材料平板自身作为宽带波片工作的性能,如果使用这种手征特异材料辅以一定的系统和结构设计(例如消色差波片、相位延迟片组等光学系统设计),可以大幅地提高波片的工作带宽、信噪比等性能。图 5-23(a)和(b)中给出了,我们设计的波片旋转线偏振入射电磁波偏振方向的结果,可以看到偏振方向与 y 轴成 $\pm 45°$ 角的线偏振波被完美的转换为与 y 轴成 $\mp 45°$ 角的线偏振波。

　　我们所设计的电磁波偏振转换器件是一个波片,那么自然的也会具有一定的对于波片厚度的依赖关系。为证明这一点,我们设计了 x 方向有 14 和 21 个周期的样品。两者厚度是前面测试的 7 周期样品的 2 倍和 3 倍,因而对应频段内,在两个椭圆偏振模式之间引入 2π 和 3π 的相位差。根据前面的讨论,由式(5-15)可知,14 周期样品对于电磁波偏振态将不会产生任何改变,而 21 周期样品对电磁波偏振态调控的功能和 7 周期样品完全相同。图5-24 中给出了这两个样品的实验测试结果和 CST Microwave Studio® 5 仿真的结果,可以看到两者同样符合的很好,且与我们的理论预期一致。

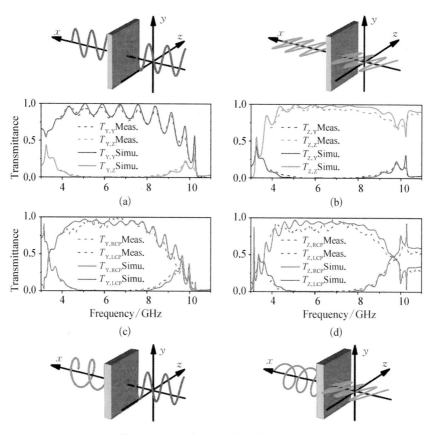

图 5-24　14 与 21 周期波片结构透过

5.5　本　章　小　结

　　本章首先简要回顾了近期使用特异材料调控电磁波偏振特性的相关工作,对其工作原理和性能进行了分析;接着又简要介绍了 I. V. Lindell 等人在 20 世纪八九十年代提出的使用单轴双各向异性介质构造电磁波偏振转换器件的思想,并就这种基于两个正交椭圆偏振模式的波片的工作原理和性能做了分析。基于这一思想,我们提出利用金属螺旋线阵列横向上所支持的两个正交椭圆偏振模式实现宽带工作波片的设计,并设计制备样品进行了实验上的验证。

　　在本章金属螺旋线轴向电磁波输运特性的研究中,发现在阵列的横向平面上支持两个正交的椭圆偏振模式,且这两支模式分别由阵列间的布拉格散射和金属螺旋线由螺旋对称性带来的局域谐振两种不同的物理机制所决定,因而可以通过与这两种物理机制相关联的结构参数进行独立的调节。选取适当的参数可以在很宽的频段内保证两支正交椭圆偏振模式的轴比和两者的波矢之差基本保持恒定。

　　在理论分析的基础上,我们制备了金属螺旋线阵列波片样品,对其可将线偏振电磁波完美地转换为圆偏振电磁波和理想地旋转线偏振电磁波偏振方向的功能进行了实验上的验证,实验结果证实了我们的理论预期。我们在 $3.9 \sim 9.6\,GHz$ 的频段中发现,样品可以将入射线偏振波 85% 以上的能量完美地转换为圆偏振电磁波,其中在 $4.1 \sim 8.8\,GHz$ 频段内,信噪比可以超过 20 dB。样品将 $\pm 45°$ 角的线偏振波完美的转换为与 y 轴成 $\mp 45°$ 角的线偏振波的功能也通过实验得到证实。对样品转换偏振态功能与样品厚度之间的关系,我们制备了 14 和 21 个周期厚度的样品,试验结果也很好地证实了我们的理论预期。

　　普通单轴晶体构造的波片由于其明显的频率依赖性,仅能工作在一个频率上,必须依靠相位延迟片组的设计才可以实现宽带工作的功能。我们所提出的全新的宽带波片设计,是基于手征特异材料的独特色散关系,并从理论上揭示了金属螺旋线阵列中独特的双重物理机制,以及能带结构调控的原理和方法。在实际应用上,我们设计的宽带波片还可以通过一定的系统设计提高其工作性能;经几何参数等比例放缩,可以作为基本的相位延迟器件拓展到太赫兹及红外波段;在微波频段,金属螺旋线阵列宽带波片可以构造宽频段圆极化天线、电磁干扰机等器件的基本部件。

第6章

结论与展望

6.1 结　　论

本书首先从解析理论的角度,结合行波管理论中的螺旋带模型和二维系统的多重散射法,发展了金属螺旋线阵列的能带理论,从而发现并严格证明该系统中存在圆极化模式和电磁纵模、极化禁带以及禁带上下均存在的负折射频支,还发现在螺旋阵列的横向平面上支持两支可以独立调节的正交椭圆偏振模式等奇特的现象。上述通过能带分析得到的结果和FDTD数值计算透射谱、模拟负折射的结果吻合。在轴向传输研究中,通过偏振模式分析验证了非对称传输、纵电磁波模式;极化禁带下方的负折射现象;此外,理论和实验还证实了金属螺旋线阵列的横向传输具有宽带波片的超常性能。本书的主要研究成果如下:

(1) 发展了一套针对具有螺旋对称性阵列系统的能带理论,给出了系统中本征模式各场分量、边值条件、本征方程的表达式。为从解析的角度讨论系统中本征模式、电磁波输运性质提供了基础。并针对金属螺旋线阵列系统中倏逝波耦合的特点,详细讨论系统的能带结构计算问题中使用多重散射法时涉及的虚宗量 Bessel 函数的 Lattice Sum 的计算问题,并与前人的工作相对比,就其函数特性、计算收敛性进行分析,提出了收敛性更好的实空间直接计算的方法。

(2) 证实了金属螺旋线阵列存在一个仅允许与结构手征特性相反的电磁波通过的极化禁带。实验中在 $10.2\sim20.2\,GHz$ 的频段内观测到明显的极化禁带,与能带理论和数值仿真给出的结果符合的很好。并对前人未发现的金属螺旋线阵列轴向电磁波输运与入射波偏振态的依赖关系进行了分析,提出可以使用非整数倍螺距长的金属螺旋线阵列实现极化禁带内的非对称传输,其正反方向透过率可以有 3 倍的差别。对于轴向透过谱上极化禁带下方存在跳变点的现象,通过能带理论的分析发现其出现是由于 (0) 阶纵电磁波模式在有限厚度的金属螺旋线阵列中形成驻波引起的,对此也进行了分析并从实验上进行了验证。这证实了我们在能带理论中发现的 (0) 阶纵电磁波模式的存在。

(3) 对发生在光锥下方的 $(+1,S)$ 阶模式上的负折射现象,采用棱镜耦合的方法,使用介电常数为 8.9 的三氧化二铝陶瓷作为耦合介质。通过测量样品的出射波束的平移量反推波束在手征特异材料中的折射角,在 $9.18\sim9.48\,GHz$ 的频率内测到负折射现象,折射角范围为 $-17.44°\sim-50.11°$,这与理论分析和 FDTD 数值模拟所预测的结果符合的很好,第一次从实验上直接地证实了 John Pendry 等人提出的手征材料中实现负折射的猜想。

(4) 发现了金属螺旋线阵列系统在横向平面上支持的两个正交椭圆偏振模式;通过能带理论分析和参数研究发现了这两支模式分别由阵列间的布拉格散射和金属螺旋线由螺旋对称性带来的局域谐振两种不同的物理机制所决定,因而可以通过与这两种物理机制相关联的结构参数进行独立的调节。选取适当的参数可以在很宽的频段内保证两支正交椭圆偏振模式的轴比和两者的波矢之差基本保持恒定,可用来构造宽带工作的波片。

(5) 在理论分析的基础上,制备了金属螺旋线阵列波片样品,对其可将线偏振电磁波完美地转换为圆偏振电磁波和理想地旋转线偏振电磁波偏振方向的功能进行了实验上的验证,实验结果证实了理论预期。在 3.9～9.6 GHz 的频段中发现,7 周期样品可以将正入射到样品上的线偏振波 85% 以上的能量完美地转换为圆偏振电磁波,其中在 4.1～8.8 GHz 频段内,信噪比可以超过 20 dB。样品将 ±45° 角的线偏振波完美的转换为与 y 轴成 ∓45° 角的线偏振波的功能也通过实验得到证实。对样品转换偏振态功能与样品厚度之间的关系,我们制备了 14 和 21 个周期厚度的样品,试验结果也很好地证实了理论预期。在实际应用上,金属螺旋线阵列构造的宽带波片还可以通过类似于消色差波片的系统设计提高其工作性能;可拓展到太赫兹及红外波段作为基本的相位延迟器件,并在微波频段作为宽频段圆极化天线、电磁干扰机等器件的基本部件。

6.2　进一步工作的方向

在最近,我们针对金属螺旋线阵列的研究工作中就发现了一些新现象,值得我们进行进一步的研究:

1. 金属螺旋线复式格子阵列的轴向传输

我们近期对复式格子的金属螺旋线阵列进行了一些研究,其原胞结构如图 6-1 所示。相对于前面讨论的系统,复式格子阵列中使用了两种金属螺旋线,二者相对旋转了 90°,在阵列中间隔排布。

对于复式格子的金属螺旋线阵列,我们首先对其轴向的透过特性进行了一些研究。图 6-2 和图 6-3 中给出了以 x 方向线偏振电磁波入射,轴向 5 个周期与 10 个周期长的阵列的透过谱。

可以看到在对应普通金属螺旋线阵列的极化禁带中,复式格子阵列在线偏振波的入射下,透射电磁波基本都是线偏振模式,且偏振方向还随频

图 6‑1 金属螺旋线复式格子阵列原胞示意图

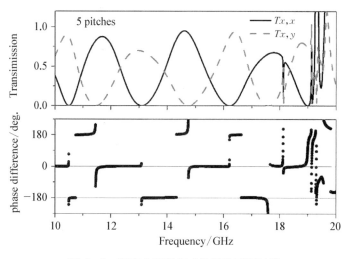

图 6‑2 厚度 5 周期复式格子阵列透过谱

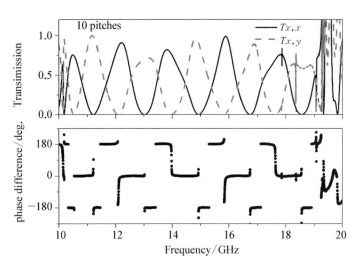

图 6‒3　厚度 10 周期复式格子阵列透过谱

率的变化而变化。另外就是随着阵列厚度的增加,出射波偏振方向随频率变化的速度加快。

对于这一奇特的现象,我们刚刚开始研究,从简单的分析中发现的其对阵列厚度和频率的依赖关系,这一现象猜想可能与两支模式的叠加或在样品平板中形成驻波引起的,还需要进一步的分析。

2. 金属螺旋线阵列构造的手征特异材料平板的透射、反射和折射特性

我们最近对一块金属螺旋线阵列构造的手征特异材料平板在线偏振电磁波 45 度斜入射条件下,一圆周上电磁波的透射、反射和折射进行了实验测试。样品结构参数与第 3 章中轴向实验的样品相同,实验装置如图 6‒4所示。

从测试结果可以看到,在线偏振波斜入射的条件下,手征特异材料平板会对入射波有多支折射、负反射和负透射的现象。由于这里对应轴向(−1,S)、(+1,F)和(+2,S)等多支模式存在的区域,情况比较复杂。对于试验结果的初步分析中,我们认为样品的负反射和负透射现象均是由于其结构对于电磁波衍射的效果,这里对应自由空间中−1 阶模式;而多支的折

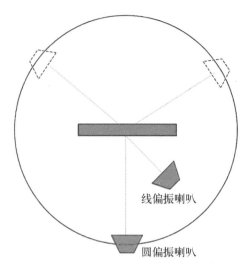

图 6-4 手征特异材料平板一周测试装置图

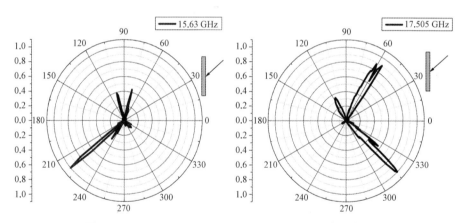

图 6-5 15.63 GHz(LCP)和 17.505 GHz(RCP)的测试结果

射,通过 $(-1,S)$、$(+1,F)$ 和 $(+2,S)$ 等多支模式的等频率面分析,也已经找到了各支折射的对应模式,但由于这里的模式为旁轴模式,不是理想的圆或椭圆偏振模式,对于各支折射波的强度分布,需要对自由空间电磁波模式与阵列内各相关模式耦合系数进行进一步的分析。

　　虽然本文已经从解析理论、数值模拟和实验的角度对由金属螺旋线构成的手征特异材料中电磁波输运的特性进行的研究,发现并验证了其中存在的极化禁带、纵波模式、光锥上下方都存在负折射区域、横向平面上存在两支正交椭圆偏振模式并可对立调节、可构造宽带工作波片等奇特的现象。但这些仅仅是对于手征特异材料的初步研究,今后还有很多工作要做:

(1) 首先,本节列举的近期两个初步研究结果中还存在很多没有得到很好解释的问题,如复式格子能带结构和本征模式的分析、自由空间电磁波模式与阵列内各相关模式耦合系数的求解。

(2) 理论研究上也有一些值得进一步挖掘的方向,如为解决解析计算阵列透过率,需要解决的金属螺旋线阵列平板和空气界面上各阶平面波到阵列中具有螺旋对称性模式的耦合积分问题;现有金属螺旋线阵列系统的等效介质模型;在系统中再引入结构上的不对称或缺陷;利用现有的针对具有螺旋对称性阵列的能带理论分析具有倏逝波耦合效应的柱形系统。

(3) 除现在构造的宽带波片,利用金属螺旋线阵列手征特异材料构造新型的实用器件,如滤波器、天线、吸波材料等等。

(4) 探索使用平面结构实现与金属螺旋线阵列相似的功能。由于金属螺旋线结构为三维结构,又比较复杂,在微波频段的加工还是可以完成的,但拓展至太赫兹、红外乃至可见光频段,金属螺旋线的制备就是很难解决的问题。平面结构的加工技术已经比较成熟,使用平面结构实现极化禁带、宽带波片等功能在制备技术上并不存在瓶颈。

参考文献

[1] Kittel Charles. Introduction to Solid State Physics[M]. 8th ed. New York: Wiley, 2005.

[2] John Sajeev. Strong localization of photons in certain disordered dielectric superlattices[J]. Physical Review Letters, 1987, 58 (23): 2486 - 2489.

[3] Yablonovitch Eli. Inhibited spontaneous emission in solid-state physics and electronics[J]. Physical Review Letters, 1987, 58 (20): 2059 - 2062.

[4] Smith David R & Kroll Norman. Negative refractive index in left-handed materials[J]. Physical Review Letters, 2000, 85 (14): 2933 - 2936.

[5] Veselago V G. The electrodynamics of substances with simultaneously negative values of permittivity and permeability[J]. Soviet Physics Uspekhi, 1968, 10 (4): 509 - 514.

[6] Lu Jie, Grzegorczyk Tomasz, Zhang Yan, et al. Cerenkov radiation in materials with negative permittivity and permeability[J]. Opt. Express, 2003, 11 (7): 723 - 734.

[7] Grbic Anthony, Eleftheriades George V. Experimental verification of backward-wave radiation from a negative refractive index metamaterial[J]. Journal of

Applied Physics, 2002, 92 (10): 5930 - 5935.

[8] Seddon N, Bearpark T. Observation of the inverse doppler effect[J]. Science, 2003, 302 (5650): 1537 - 1540.

[9] Pendry J B, Holden A J, Stewart W J, et al. Extremely low frequency plasmons in metallic mesostructures[J]. Physical Review Letters, 1996, 76 (25): 4773 - 4776.

[10] Pendry J B, Holden A J, Robbins D J, et al. Low frequency plasmons in thin-wire structures[J]. Journal of Physics: Condensed Matter, 1998, 10 (22): 4785.

[11] Pendry J B, Holden A J, Robbins D J, et al. Magnetism from conductors and enhanced nonlinear phenomena[J]. Microwave Theory and Techniques, IEEE Transactions on, 1999, 47 (11): 2075 - 2084.

[12] Smith D R, Vier D C, Padilla Willie, et al. Loop-wire medium for investigating plasmons at microwave frequencies[J]. Applied Physics Letters, 1999, 75 (10): 1425 - 1427.

[13] Shelby R A, Smith D R, Nemat-Nasser S C, et al. Microwave transmission through a two-dimensional, isotropic, left-handed metamaterial[J]. Applied Physics Letters, 2001, 78 (4): 489 - 491.

[14] Shelby R A, Smith D R, Schultz S. Experimental verification of a negative index of refraction[J]. Science, 2001, 292 (5514): 77 - 79.

[15] Smith D R, Pendry J B, Wiltshire M C K. Metamaterials and negative refractive index[J]. Science, 2004, 305 (5685): 788 - 792.

[16] Smith D R, Schurig D, Pendry J B. Negative refraction of modulated electromagnetic waves[J]. Applied Physics Letters, 2002, 81 (15): 2713 - 2715.

[17] Pendry J B, Smith D R. Comment on "wave refraction in negative-index media: always positive and very inhomogeneous"[J]. Physical Review Letters, 2003, 90 (2): 029703.

[18] Valanju P M, Walser R M, Valanju A P. Wave refraction in negative-index media: always positive and very inhomogeneous[J]. Physical Review Letters, 2002, 88 (18): 187401.

[19] Vodo P, Parimi P V, Lu W T, et al. Focusing by planoconcave lens using negative refraction[J]. Applied Physics Letters, 2005, 86 (20): 201108 – 201103.

[20] Pendry J B. Negative refraction makes a perfect lens[J]. Physical Review Letters, 2000, 85 (18): 3966.

[21] Leonhardt Ulf. Optical conformal mapping[J]. Science, 2006, 312 (5781): 1777 – 1780.

[22] Pendry J B, Schurig D, Smith D R. Controlling electromagnetic fields[J]. Science, 2006, 312 (5781): 1780 – 1782.

[23] Schurig D, Mock J J, Justice B J, et al. Metamaterial electromagnetic cloak at microwave frequencies[J]. Science, 2006, 314 (5801): 977 – 980.

[24] Li Chao, Meng Xiankun, Liu Xiao, et al. Experimental realization of a circuit-based broadband illusion-optics analogue[J]. Physical Review Letters, 2010, 105 (23): 233906.

[25] Lai Yun, Chen Huanyang, Zhang Zhao-Qing, et al. Complementary media invisibility cloak that cloaks objects at a distance outside the cloaking shell[J]. Physical Review Letters, 2009, 102 (9): 093901.

[26] Chen H, Ran L, Wang D, et al. Metamaterial with randomized patterns for negative refraction of electromagnetic waves[J]. Applied Physics Letters, 2006, 88 (3): 031908 – 031903.

[27] Grzegorczyk T M, Moss C D, Jie Lu, et al. Properties of left-handed metamaterials: transmission, backward phase, negative refraction, and focusing [J]. Microwave Theory and Techniques, IEEE Transactions on, 2005, 53 (9): 2956 – 2967.

[28] Lindell I V, Shivola A H, Tretyakov S A, et al. Electromagnetic Waves in

Chiral and BI-Isotropic Media[M]. Norwood, MA: Artech House, 1994.

[29] Born Max, Wolf Emil. Principles of Optics: Electromagnetic Theory of Propagation, Interference and Diffraction of Light[M]. 7th ed. Cambridge University Press, 1999.

[30] Jackson John. Classical Electrodynamics[M]. 3rd ed. New York: Wiley, 1999.

[31] Jin Au Kong. Electromagnetic Wave Theory[M]. 2nd ed. New York: Wiley, 1990.

[32] Bita I, Thomas E L. Structurally chiral photonic crystals with magneto-optic activity: indirect photonic bandgaps, negative refraction, and superprism effects [J]. Journal of the Optical Society of America B-Optical Physics, 2005, 22 (6): 1199 - 1210.

[33] Jin Y, He S L. Focusing by a slab of chiral medium[J]. Optics Express, 2005, 13 (13): 4974 - 4979.

[34] Monzon Cesar, Forester D W. Negative refraction and focusing of circularly polarized waves in optically active media[J]. Physical Review Letters, 2005, 95 (12): 123904.

[35] Cheng Qiang, Cui Tie Jun. Negative refractions in uniaxially anisotropic chiral media[J]. Physical Review B, 2006, 73 (11): 113104.

[36] Zhang C, Cui T J. Negative reflections of electromagnetic waves in a strong chiral medium[J]. Applied Physics Letters, 2007, 91 (19).

[37] Engheta N, Jaggard D L, Kowarz M W. Electromagnetic waves in Faraday chiral media[J]. Antennas and Propagation, IEEE Transactions on, 1992, 40 (4): 367 - 374.

[38] Pendry J B. A chiral route to negative refraction[J]. Science, 2004, 306 (5700): 1353 - 1355.

[39] Belov P A, Simovski C R, Tretyakov S A. Example of bianisotropic electromagnetic crystals: The spiral medium[J]. Physical Review E, 2003, 67 (5): 056622.

［40］ Kraftmakher G A, Butylkin V S. A composite medium with simultaneously negative permittivity and permeability[J]. Technical Physics Letters, 2003, 29 (3): 230.

［41］ Papakostas A, Potts A, Bagnall D M, et al. Optical manifestations of planar chirality[J]. Physical Review Letters, 2003, 90 (10): 107404.

［42］ Tretyakov S, Nefedov I, Sihvola A, et al. Waves and Energy in Chiral Nihility [J]. Journal of Electromagnetic Waves and Applications, 2003, 17: 695 - 706.

［43］ Kopp Victor I, Churikov Victor M, Singer Jonathan, et al. Chiral Fiber Gratings [J]. Science, 2004, 305 (5680): 74 - 75.

［44］ Mackay Tom G, Lakhtakia Akhlesh. Plane waves with negative phase velocity in Faraday chiral mediums[J]. Physical Review E, 2004, 69 (2): 026602.

［45］ Potton R J. Reciprocity in optics[J]. Reports on Progress in Physics, 2004, 67 (5): 717.

［46］ Krasavin A V, Schwanecke A S, Zheludev N I, et al. Polarization conversion and "focusing" of light propagating through a small chiral hole in a metallic screen[J]. Applied Physics Letters, 2005, 86 (20): 201105 - 201103.

［47］ Lee J C W, Chan C T. Polarization gaps in spiral photonic crystals[J]. Optics Express, 2005, 13 (20): 8083 - 8088.

［48］ Pang Y K, Lee J C W, Lee H F, et al. Chiral microstructures (spirals) fabrication by holographic lithography[J]. Optics Express, 2005, 13 (19): 7615 - 7620.

［49］ Prosvirnin S L, Zheludev N I. Polarization effects in the diffraction of light by a planar chiral structure[J]. Physical Review E, 2005, 71 (3): 037603.

［50］ Wang F, Lakhtakia A. Defect modes in multisection helical photonic crystals[J]. Optics Express, 2005, 13 (19): 7319 - 7335.

［51］ Fedotov V A, Mladyonov P L, Prosvirnin S L, et al. Asymmetric propagation of electromagnetic waves through a planar chiral structure[J]. Physical Review Letters, 2006, 97 (16): 167401 - 167404.

[52] Rogacheva A V, Fedotov V A, Schwanecke A S, et al. Giant Gyrotropy due to Electromagnetic-Field Coupling in a Bilayered Chiral Structure[J]. Physical Review Letters, 2006, 97 (17): 177401.

[53] Shamonina Ekaterina, Solymar Laszlo. Properties of magnetically coupled metamaterial elements[J]. Journal of Magnetism and Magnetic Materials, 2006, 300 (1): 38 - 43.

[54] Decker M, Klein M W, Wegener M, et al. Circular dichroism of planar chiral magnetic metamaterials[J]. Opt. Lett., 2007, 32 (7): 856 - 858.

[55] Fedotov V A, Rose M, Prosvirnin S L, et al. Sharp Trapped-Mode Resonances in Planar Metamaterials with a Broken Structural Symmetry[J]. Physical Review Letters, 2007, 99 (14): 147401 -147404.

[56] Liu H, Genov D A, Wu D M, et al. Magnetic plasmon hybridization and optical activity at optical frequencies in metallic nanostructures[J]. Physical Review B, 2007, 76 (7): 073101.

[57] Plum E, Fedotov V A, Schwanecke A S, et al. Giant optical gyrotropy due to electromagnetic coupling[J]. Applied Physics Letters, 2007, 90 (22): 223113.

[58] Giessen H. Nanophotonics-grating games[J]. Nature Photonics, 2008, 2(6): 335 - 337.

[59] Li T Q, Liu H, Li T, et al. Magnetic resonance hybridization and optical activity of microwaves in a chiral metamaterial[J]. Applied Physics Letters, 2008, 92 (13): 131111 -131113.

[60] Liu N, Guo H C, Fu L W, et al. Three-dimensional photonic metamaterials at optical frequencies[J]. Nature Materials, 2008, 7 (1): 31 - 37.

[61] Pendry J B. Time reversal and negative refraction[J]. Science, 2008, 322 (5898 October 3, 2008): 71 - 73.

[62] Plum E, Fedotov V A, Zheludev N I. Optical activity in extrinsically chiral metamaterial[J]. Applied Physics Letters, 2008, 93 (19): 191911 -191913.

[63] Silveirinha M G. Design of linear-to-circular polarization transformers made of

long densely packed metallic helices [J]. Antennas and Propagation, IEEE Transactions on, 2008, 56 (2): 390 – 401.

[64] Zhang Z Y, Zhao Y P. Optical properties of helical and multiring Ag nanostructures: The effect of pitch height[J]. Journal of Applied Physics, 2008, 104 (1): 013517.

[65] Abdeddaim R, Guida G, Priou A, et al. Negative permittivity and permeability of gold square nanospirals[J]. Applied Physics Letters, 2009, 94 (8): 081907 – 081903.

[66] Fung Kin Hung, Lee Jeffrey Chi Wai, Chan C T. Negative group velocity in layer-by-layer chiral photonic crystals. Arxiv: 0811.1438v1, 2009.

[67] Gansel Justyna K, Thiel Michael, Rill Michael S, et al. Gold helix photonic metamaterial as broadband circular polarizer [J]. Science, 2009, 325 (5947 September 18, 2009): 1513 – 1515.

[68] Isik Ozgur, Esselle Karu P. Analysis of spiral metamaterials by use of group theory[J]. Metamaterials, 2009, 3 (1): 33 – 43.

[69] Liu N, Liu H, Zhu S N, et al. Stereometamaterials[J]. Nature Photonics, 2009, 3 (3): 157 – 162.

[70] Plum E, Et Al. Extrinsic electromagnetic chirality in metamaterials[J]. Journal of Optics A: Pure and Applied Optics, 2009, 11 (7): 074009.

[71] Plum E, Fedotov V A, Zheludev N I. Planar metamaterial with transmission and reflection that depend on the direction of incidence[J]. Applied Physics Letters, 2009, 94 (13): 131901 – 131903.

[72] Plum E, Liu X X, Fedotov V A, et al. Metamaterials: optical activity without chirality[J]. Physical Review Letters, 2009, 102 (11): 113902 – 113904.

[73] Plum E, Zhou J, Dong J, et al. Metamaterial with negative index due to chirality [J]. Physical Review B (Condensed Matter and Materials Physics), 2009, 79 (3): 035407 – 035406.

[74] Wang Bingnan, Zhou Jiangfeng, Koschny Thomas, et al. Nonplanar chiral

metamaterials with negative index[J]. Applied Physics Letters, 2009, 94 (15):
151112 - 151113.

[75] Wegener Martin, Linden Stefan. Giving light yet another new twist[J]. Physics,
2009, 2 (1): 3 - 3 - 1.

[76] Wiltshire M C K, et al. Chiral Swiss rolls show a negative refractive index[J].
Journal of Physics: Condensed Matter, 2009, 21 (29): 292201.

[77] Zhang Shuang, Park Yong-Shik, Li Jensen, et al. Negative refractive index in
chiral metamaterials[J]. Physical Review Letters, 2009, 102 (2): 023901.

[78] Zhou Jiangfeng, Dong Jianfeng, Wang Bingnan, et al. Negative refractive index
due to chirality[J]. Physical Review B, 2009, 79 (12): 121104.

[79] Gansel Justyna K, Wegener Martin, Burger Sven, et al. Gold helix photonic
metamaterials: A numerical parameter study[J]. Optics Express, 2010, 18 (2):
1059 - 1069.

[80] Hadad Y, Steinberg Ben Z. Magnetized spiral chains of plasmonic ellipsoids for
one-way optical waveguides [J]. Physical Review Letters, 2010, 105
(23): 233904.

[81] Yang Z Y, Zhao M, Lu P X, et al. Ultrabroadband optical circular polarizers
consisting of double-helical nanowire structures[J]. Opt. Lett. , 2010, 35 (15):
2588 - 2590.

[82] Chen W. Fano resonance of three-dimensional spiral photonic crystals:
Paradoxical transmission and polarization gap[J]. Appl. Phys. Lett. , 2011, 98
(8): 081116.

[83] Chen Wen-Jie, Hang Zhi Hong, Dong Jian-Wen, et al. Observation of
backscattering-immune chiral electromagnetic modes without time reversal
breaking[J]. Physical Review Letters, 2011, 107 (2): 023901.

[84] Bai Benfeng, Laukkanen Janne, Lehmuskero Anni, et al. Simultaneously
enhanced transmission and artificial optical activity in gold film perforated with
chiral hole array[J]. Physical Review B, 2010, 81 (11): 115424.

[85] Bose J C. On the rotation of polarisation of electric waves by a twisted structure [J]. Proceedings of the Royal Society of London, 1898, 63: 7.

[86] Lindeman Karl F. Über eine durch ein isotropes System von spiralförmigen Resonatoren erzeugte Rotationspolarization der elektromagnetischen Wellen[J]. Annalen der Physik, 1920, 63 (4): 621 – 644.

[87] Lindell I V, Sihvola A H, Kurkijarvi J. Karl F Lindman: the last Hertzian, and a harbinger of electromagnetic chirality[J]. Antennas and Propagation Magazine, IEEE, 1992, 34 (3): 24 – 30.

[88] Kraus J D. Helical beam antennas[J]. Electronics, 1947, 20 (4): 109 – 111.

[89] Kraus J D. Antennas[M]. New York: McGraw-Hill Book Co Inc, 1950.

[90] Pierce J R. Theory of the beam-type traveling-wave tube[J]. Proceedings of the IRE, 1947, 35 (2): 111 – 123.

[91] Pierce J R, Field L M. Traveling-wave tubes[J]. Proceedings of the IRE, 1947, 35 (2): 108 – 111.

[92] Pierce J R, Tien P K. Coupling of modes in helixes[J]. Proceedings of the IRE, 1954, 42 (9): 1389 – 1396.

[93] Chodorow Marvin, Chu E L. Cross-wound twin helices for traveling-wave tubes [J]. Journal of Applied Physics, 1955, 26 (1): 33 – 43.

[94] Sensiper S. Electromagnetic wave propagation on helical structures (A review and survey of recent progress)[J]. Proceedings of the IRE, 1955, 43 (2): 149 – 161.

[95] Priou A, Sihvola A, Tretyakov S, et al. Advances in complex electromagnetic materials[J]. Dordrecht: Kluwer, 1997, 28.

[96] Svirko Yuri, Zheludev Nikolay, Osipov Michail. Layered chiral metallic microstructures with inductive coupling[J]. Applied Physics Letters, 2001, 78 (4): 498 – 500.

[97] Chin S K, Nicorovici N A, Mcphedran R C. Green's function and lattice sums for electromagnetic scattering by a square array of cylinders[J]. Physical Review

E, 1994, 49 (5): 4590.

[98] Nicorovici N A, Mcphedran R C. Lattice sums for off-axis electromagnetic scattering by gratings[J]. Physical Review E, 1994, 50 (4): 3143.

[99] Nicorovici N A, Mcphedran R C, Petit R. Efficient calculation of the Green's function for electromagnetic scattering by gratings[J]. Physical Review E, 1994, 49 (5): 4563.

[100] Nicorovici N A, Mcphedran R C, Botten L C. Photonic band gaps for arrays of perfectly conducting cylinders[J]. Physical Review E, 1995, 52 (1): 1135.

[101] Nicorovici N A, Mcphedran R C, Ke-Da Bao. Propagation of electromagnetic waves in periodic lattices of spheres: Green's function and lattice sums[J]. Physical Review E, 1995, 51 (1): 690.

[102] Li Lie-Ming, Zhang Zhao-Qing. Multiple-scattering approach to finite-sized photonic band-gap materials[J]. Physical Review B, 1998, 58 (15): 9587.

[103] Zhang Weiyi, Chan Che Ting, Sheng Ping. Multiple scattering theory and its application to photonic band gap systems consisting of coated spheres[J]. Opt. Express, 2001, 8 (3): 203 - 208.

[104] Hu Xinhua, Shen Yifeng, Liu Xiaohan, et al. Band structures and band gaps of liquid surface waves propagating through an infinite array of cylinders[J]. Physical Review E, 2003, 68 (3): 037301.

[105] Mei Jun, Liu Zhengyou, Wen Weijia, et al. Effective mass density of fluid-solid composites[J]. Physical Review Letters, 2006, 96 (2): 024301.

[106] Tinoco Ignacio, Freeman Mark P. The optical activity of oriented copper Helices. I. Experimental[J]. The Journal of Physical Chemistry, 1957, 61 (9): 1196 - 1200.

[107] Han J, Li H, Fan Y, et al. An ultrathin twist-structure polarization transformer based on fish-scale metallic wires[J]. Appl. Phys. Lett. , 2011, 98 (15): 151908.

[108] Hong Qi, Wu Thomas, Zhu Xinyu, et al. Designs of wide-view and broadband

circular polarizers[J]. Opt. Express, 2005, 13 (20): 8318 - 8331.

[109] Huang Yuhua, Zhou Ying, Wu Shin-Tson. Broadband circular polarizer using stacked chiral polymer films[J]. Opt. Express, 2007, 15 (10): 6414 - 6419.

[110] Geddes Iii Joseph B, Meredith Mark W, Lakhtakia Akhlesh. Circular Bragg phenomenon and pulse bleeding in cholesteric liquid crystals [J]. Optics Communications, 2000, 182 (1 - 3): 45 - 57.

[111] Masson Jean-Baptiste, Gallot Guilhem. Terahertz achromatic quarter-wave plate[J]. Opt. Lett. , 2006, 31 (2): 265 - 267.

[112] Mcintyre C M, Harris S E. Achromatic wave plates for the visible spectrum [J]. J. Opt. Soc. Am. , 1968, 58 (12): 1575 - 1580.

[113] Nordin Gregory, Deguzman Panfilo. Broadband form birefringent quarter-wave plate for the mid-infrared wavelength region[J]. Opt. Express, 1999, 5 (8): 163 - 168.

[114] Pancharatnam S. Achromatic combinations of birefringent plates: Part I. An Achromatic Circular Polarizer[J]. Proceedings Mathematical Sciences, 1955, 41 (4): 130 - 136.

[115] Pancharatnam S. Achromatic combinations of birefringent plates: Part II. An Achromatic Quarter-Wave Plate[J]. Proceedings Mathematical Sciences, 1955, 41 (4): 137 - 144.

[116] Semchenko I V, et al. Reflection and transmission by a uniaxially bi-anisotropic slab under normal incidence of plane waves[J]. Journal of Physics D: Applied Physics, 1998, 31 (19): 2458.

[117] Weis P, Paul O, Imhof C, et al. Strongly birefringent metamaterials as negative index terahertz wave plates[J]. Applied Physics Letters, 2009, 95 (17): 171104 - 171103.

[118] Iwanaga Masanobu. Ultracompact waveplates: Approach from metamaterials [J]. Applied Physics Letters, 2008, 92 (15): 153102.

[119] Kiani Ghaffer I, Dyadyuk Val. In Proceedings of the 40th European Microwave

Conference[J]. Paris, France, 2009, 1361.

[120] Young L, Robinson L, Hacking C. Meander-line polarizer[J]. Antennas and Propagation, IEEE Transactions on, 1973, 21 (3): 376 – 378.

[121] Bhattacharyya Arun K, Chwalek Thomas J. Analysis of multilayered meander line polarizer[J]. International Journal of Microwave and Millimeter-Wave Computer-Aided Engineering, 1997, 7 (6): 442 – 454.

[122] Yihang Chen. Broadband wave plates: Approach from one-dimensional photonic crystals containing metamaterials[J]. Physics Letters A, 2011, 375 (7): 1156 – 1159.

[123] Wei Zeyong, Cao Yang, Fan Yuancheng, et al. Broadband transparency achieved with the stacked metallic multi-layers perforated with coaxial annular apertures[J]. Opt. Express, 2011, 19 (22): 21425 – 21431.

[124] Wei Zeyong, Cao Yang, Fan Yuancheng, et al. Broadband polarization transformation via enhanced asymmetric transmission through arrays of twisted complementary split-ring resonators[J]. Applied Physics Letters, 2011, 99 (22): 221907 – 221903.

[125] Bose J C. The rotation of plane of polarisation of electric waves by a twisted structure[J]. Current Science, 1996, 70 (2): 178 – 180.

[126] Chutinan A, Noda S. Spiral three-dimensional photonic-band-gap structure[J]. Physical Review B, 1998, 57 (4): R2006-R2008.

[127] Robbie K, Broer D J, Brett M J. Chiral nematic order in liquid crystals imposed by an engineered inorganic nanostructure[J]. Nature, 1999, 399 (6738): 764 – 766.

[128] Wu Qihong, Hodgkinson Ian J, Lakhtakia Akhlesh. Circular polarization filters made of chiral sculptured thin films: experimental and simulation results[J]. Optical Engineering, 2000, 39 (7): 1863 – 1868.

[129] Hodgkinson I, Wu Q H. Inorganic chiral optical materials[J]. Advanced Materials, 2001, 13 (12 – 13): 889.

[130] Toader O, John S. Proposed square spiral microfabrication architecture for large three-dimensional photonic band gap crystals[J]. Science, 2001, 292 (5519): 1133 - 1135.

[131] Wiltshire M C K, Pendry J B, Young I R, et al. Microstructured magnetic materials for RF flux guides in magnetic resonance imaging[J]. Science, 2001, 291 (5505 February 2, 2001): 849 - 851.

[132] Gilles L, Tran P. Optical switching in nonlinear chiral distributed Bragg reflectors with defect layers[J]. J. Opt. Soc. Am. B, 2002, 19 (4): 630 - 639.

[133] Kennedy S R, Brett M J, Toader O, et al. Fabrication of tetragonal square spiral photonic crystals[J]. Nano Letters, 2002, 2 (1): 59 - 62.

[134] Martin W Mccall, et al. The negative index of refraction demystified[J]. European Journal of Physics, 2002, 23 (3): 353.

[135] Lindell I V, Viitanen A J. Plane wave propagation in uniaxial bianisotropic medium[J]. Electronics Letters, 1993, 29 (2): 150 - 152.

[136] Lindell Ismo V, Viitanen Ari J, Kolvisto Paivi K. Plane-wave propagation in a transversely bianisotropic uniaxial medium [J]. Microwave and Optical Technology Letters, 1993, 6 (8): 478 - 481.

[137] Viitanen A J, Lindell I V. Microwave Conference[M]. 23rd. European, 1993: 179 - 181.

[138] Viitanen Ari J, Lindell Ismo V. Plane wave propagation in a uniaxial bianisotropic medium with an application to a polarization transformer[J]. International Journal of Infrared and Millimeter Waves, 1993, 14 (10): 1993 - 2010.

[139] Viitanen A J, Lindell I V. Uniaxial chiral quarter-wave polarisation transformer [J]. Electronics Letters, 1993, 29 (12): 1074 - 1075.

后 记

　　本书可以说是我三年博士阶段学习和科研工作的一个总结。在这三年的学习和工作中，我得到了课题组全体成员的帮助和支持，请允许我在此致以由衷的感谢。

　　本书是在我的导师李宏强教授的悉心指导下完成的，从选题到分析方法的确定，再到实验方案的设计与实施无不倾注着李老师的心血。在整个读博士阶段，是李老师出色的物理感觉、敏锐的洞察力和严谨求实的工作态度以及他乐观、积极的态度使课题在进展中遇到的困难都一一得到解决，也使我的理论水平和实验能力得到很大提高。在此，向李老师致以最真诚的感谢。

　　感谢陈鸿教授一直以来对我的关心和帮助，其渊博的知识、活跃的思维和严谨的治学态度一直令我十分仰慕；感谢张冶文教授，其亲力亲为、严谨求实的人生态度深深地感染了我。

　　再次感谢于霄童师兄自我本科毕业设计以来对我的帮助，正是在他无私的帮助下，我才开始接触并参与手征特异材料这一课题的研究，本书的研究工作也正是在他工作的基础上开展的；感谢魏泽勇师兄在整个博士阶段对我的帮助与提携。他以远超侪辈的工作能力对我博士期间各项工作的完成给予了极大的帮助;感谢余兴硕士在工作上对我的帮助和支持,整个实验的设计、样品的制备和实验的过程都是在他的帮助下共同完成的;感谢韩缙博士在学习、生活中对我的关怀和帮助,他为人真诚,做事认真细致,一直是我学习的楷模;感谢樊元成博士,他物理直觉出众、眼界开阔,在生活和工作中都给予了我很大的帮助。感谢同课题组的曹杨博士、李芳硕士、刘明硕士、张正仁博士、李翊硕士、金亮硕士、龚知捷博士、苏晓鹏硕士、王剑硕士等各位师兄弟姐妹平日里在工作和生活上的照顾,和你们在一起的日子总是充满了欢声笑语,与你们相识是我的荣幸!

感谢同在六楼的赫丽博士平日里在工作、生活上对我的帮助。

感谢伊圣振、张传福、王际超、关大勇、张睿、康秀宝等众位好哥们,无论遇到什么困难,总能从你们那得到无私的帮助。

最后,特别要感谢默默奉献给予最大支持的我的父母,是你们二十多年来对我的关心和信任使我走到今天,你们给予我的教诲将永远指引、鞭策着我前进!

武　超